4.水稻瘟病（叶瘟）

5.水稻瘟病（穗颈瘟）

6.水稻瘟病（

7.水稻纹枯病（受害叶鞘及病斑）

8.水稻纹枯病（受害叶片病斑及菌核）

9.水稻纹枯病（田间受害植株）

10.水稻稻曲病（病穗及黄色稻曲球）

11.水稻稻曲病（病穗及黑绿色稻曲球）

12.水稻稻曲病田间危害状

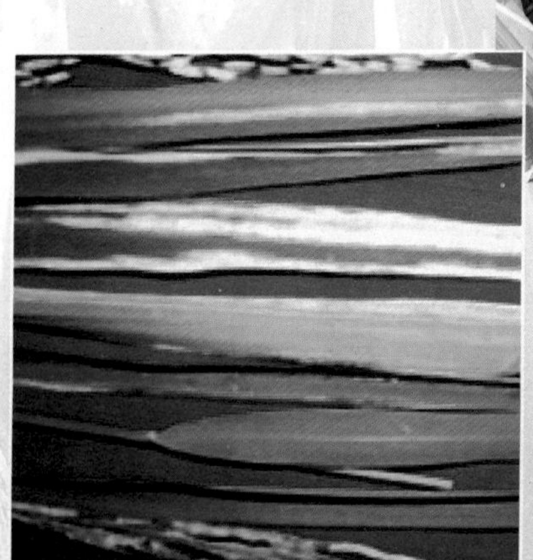

13.水稻白叶枯病感病叶片

14.水稻白叶枯病感病植株

15.水稻白叶枯病
田间感病症状

16.稻纵卷叶螟幼虫（左：1龄；中：3龄；右：4龄）

17.稻纵卷叶螟成虫（左：雄虫；右：雌虫）

18.稻纵卷叶螟为害叶片形成的纵卷叶及田间危害状

19.水稻二化螟危害状（左：枯鞘；右：枯心）

20.水稻二化螟危害状（左：扬花期白穗；右：花穗）

21.水稻二化螟为害造成的“白穗团”

22.二化螟卵、越冬幼虫和蛹

23.二化螟成虫（左：雌虫；右：雄虫）

24.二化螟蛀孔及秆内状况

25.三化螟卵、幼虫和蛹

26.三化螟（左上：叶囊；左下：蛀孔；右：断环）受害株内较少的虫粪

27.三化螟成虫（左：雄虫；右：雌虫）

28. 褐飞虱聚集稻丛基部为害

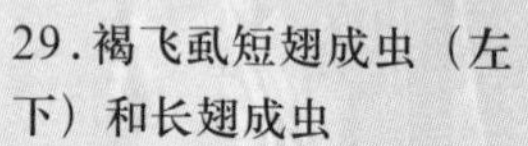

29. 褐飞虱短翅成虫（左下）和长翅成虫

30. 褐飞虱严重危害造成“虱烧”

31.白背飞虱若虫

32.白背飞虱长翅成虫
（上：雄；下：雌）

33.白背飞虱引起的稻叶变黑枯死

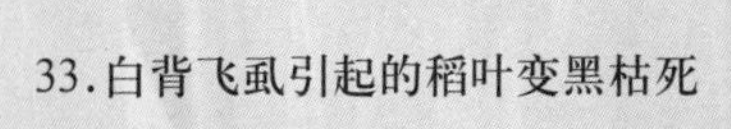

34.稗草幼苗

35.稗草成株

36.稗草籽粒

37.异形莎草幼苗

38.异形莎草成株

39.异形莎草花穗

40.千金子幼苗

41.千金子成株

42.千金子花序

43.扁杆加草幼苗

44.扁杆加草成株

45.扁杆加草花序

46.莹蔺幼苗

47.莹蔺成株

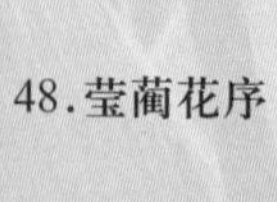

48.莹蔺花序

49.牛毛毡幼苗

50.牛毛毡成株

51.牛毛毡花序

52.碎米莎草幼苗

53.碎米莎草成株

54.碎米莎草花序

55.矮慈姑幼苗

56.矮慈姑成株

57.矮慈姑花序

58.野慈姑幼苗

59.野慈姑成株

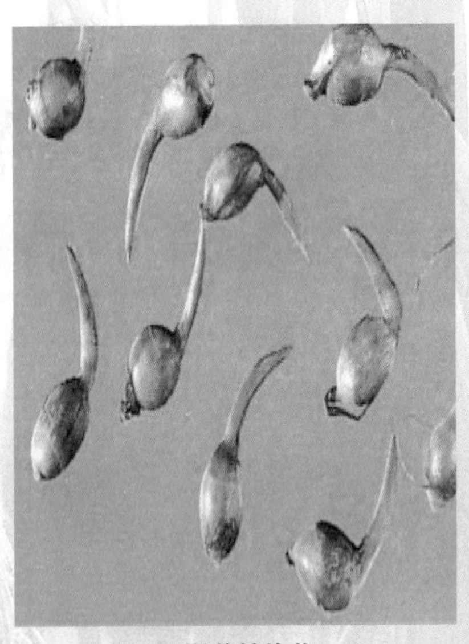

60.野慈姑块茎

61.鸭舌草幼苗

62.鸭舌草成株

63.鸭舌草花序

64.空心莲子草幼苗

65.空心莲子草成株

66.空心莲子草花序

超级稻栽培技术

主　编
朱德峰
副主编
林贤青　黄世文
张玉屏　陈惠哲
编著者
陈惠哲　陈庆根　黄世文
林贤青　林兴军　王　玲
张卫星　张玉屏　朱德峰

金盾出版社

内 容 提 要

本书由中国水稻研究所朱德峰博士领导的水稻高产生理研究团队编著。主要内容有：我国水稻生产的现状和发展，超级稻的研究和应用，超级稻的高产特性和原理，高产栽培关键技术，病虫杂草防治及栽培集成技术。本书内容丰富，资料翔实，理论与实际结合紧密。适宜广大农业技术人员、相关科研人员、稻农及农业大专院校相关专业师生参阅。

图书在版编目(CIP)数据

超级稻栽培技术/朱德峰主编．—北京：金盾出版社，2006.12
ISBN 978-7-5082-4273-6

Ⅰ.超…　Ⅱ.朱…　Ⅲ.水稻-栽培　Ⅳ.S511

中国版本图书馆 CIP 数据核字(2006)第 108013 号

金盾出版社出版、总发行
北京太平路 5 号(地铁万寿路站往南)
邮政编码：100036　电话：68214039　83219215
传真：68276683　网址：www.jdcbs.cn
彩色印刷：北京印刷一厂
黑白印刷：北京天宇星印刷厂
装订：北京天宇星印刷厂
各地新华书店经销
开本：787×1092 1/32　印张：5.25　彩页：16　字数：103 千字
2010 年 7 月第 1 版第 4 次印刷
印数：31001—37000 册　定价：9.00 元

序　言

水稻是我国主要粮食作物，其种植面积最大、单位面积产量最高、总产量最多。水稻生产对减少贫困人口、农村就业和保障我国粮食安全具有重要的作用和意义。建国以来，我国在水稻生产和科学研究方面取得了巨大成就。20 世纪 50 年代末半矮秆品种的育成、70 年代末杂交稻的利用及相应配套的栽培技术的推广应用，实现了我国水稻产量的两次突破，对全球绿色革命的兴起和我国水稻产量的提高做出了重要贡献。

随着我国社会经济的发展和农业种植结构的调整，水稻生产情况发生了重大变化。水稻种植面积不断下降，种植制度发生明显变化，单位面积产量增幅变小。为保障粮食安全和促进粮农增收，实现水稻产量的第三次飞跃的目标，农业部于 1996 年率先启动了“中国超级稻”研究计划。该计划采用“理想株型塑造与杂种优势利用相结合”的育种技术路线，并通过良种良法配套，大幅提高水稻产量潜力，改善稻米品质和资源利用率。经过多年协作攻关，目前我国已有 49 个适应不同生态地区种植的超级稻新品种和组合获得国家认定。有些品种和组合通过良种良法配套，在 6.67 公顷示范方、66.7 公顷示范方中，平均每 667 平方米(1 亩)产量达 700 千克，高产田块每 667 平方米产量超过 800 千克。

良种良法配套是我国发展水稻生产和提高水稻产量的成功法宝。栽培技术的研究和推广在我国水稻产量的两次突破中发挥了重要作用。超级稻品种和组合自身产量潜力很高，但需要通过栽培技术的研究和配套，才能发挥其增产潜力，提高水稻生产效益和资源利用率，减少种植水稻对环境的污染。近年来，我国水稻科技工作者在研究超级稻生育特性和高产栽培技术的基础上，提出了以精量播种、培育壮苗、宽行稀植、定量控苗、精确施肥、好气灌溉和综合防治等关键技术配套的超级稻栽培集成技术。该技术在生产上应用后，取得了增产增效、提高肥水利用率和生产效率及减少环境污染的良好效果。

本书是我所朱德峰博士领导的水稻高产生理研究团队多年来从事超级稻栽培研究的成果，凝聚了他们在超级稻栽培理论与实践方面的心血。本书的出版，将促进超级稻的大面积推广应用。对提高我国水稻的栽培技术水平，具有重要的现实意义。

中国水稻研究所所长 [签名] 博士

2006 年 6 月 20 日

目　录

第一章　水稻生产的现状和稻作技术的发展

一、水稻生产的现状

(一)单位面积产量、面积和总产量变化

水稻是我国种植面积最大、单位面积产量最高、总产量最大和食用人口最多的主要粮食作物。常年水稻种植面积和总产量分别占粮食作物的28%和40%。根据2004年的统计,全国水稻单位面积产量比其他主要粮食作物如小麦和玉米分别高48%和23%。1949年以来我国水稻总产量与粮食总产量呈直线相关,相关系数达到0.9801。表明水稻在我国粮食生产中具有重要的地位。水稻也是我国主要的口粮,大约有60%的人口以稻米为主食。水稻生产对我国粮食安全、农村就业、减少贫困人口具有重要意义。

我国1949年到2004年水稻面积、单产和总产的变化(图1-1)。2004年,我国水稻种植面积42 568.5万公顷,每公顷产量6.31吨,总产量17 908.8万吨,分别比1949年面积增长10%,单位面积产量增长2.34倍,年均增长2.41%,总产量提高2.68倍,年均增长2.64%(图1-1)。水稻总产量的增长主要依靠单位面积产量的提高。1949～1961年,由于水稻种植制度、技术和政策的变化对水稻面积、单位面积产量和总产量的波动产生了较大的影响。由于20世纪50年代末开始推

广矮秆品种及70年代末推广杂交水稻以来，单位面积产量提高较快。从1961年到1997年水稻单位面积产量持续提高，平均每667平方米产量年提高7.58千克。由于水稻单位面积产量的提高，水稻总产量年均增长376.8万吨(图1-2)。水稻单位面积产量与总产量呈直线正相关，相关系数为0.9591。在此期间，水稻单位面积产量每667平方米提高1千克，总产量平均提高48.7万吨。水稻单位面积产量对总产量的提高有重要作用。

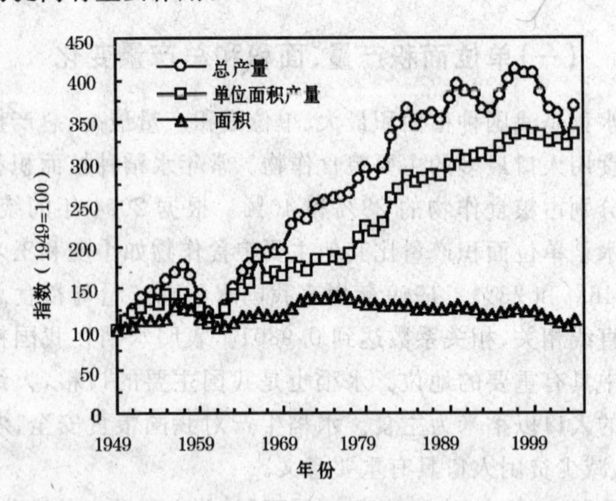

图1-1 我国水稻1949～2004年单位面积产量、面积和总产量历年变化

(二)产量差异

自20世纪70年代以来，由于连作稻面积的逐年减少，导致我国水稻种植面积下降。70年代初我国连作稻播种面积占水稻面积约70%，到2003年该数据下降到40%左右，其中

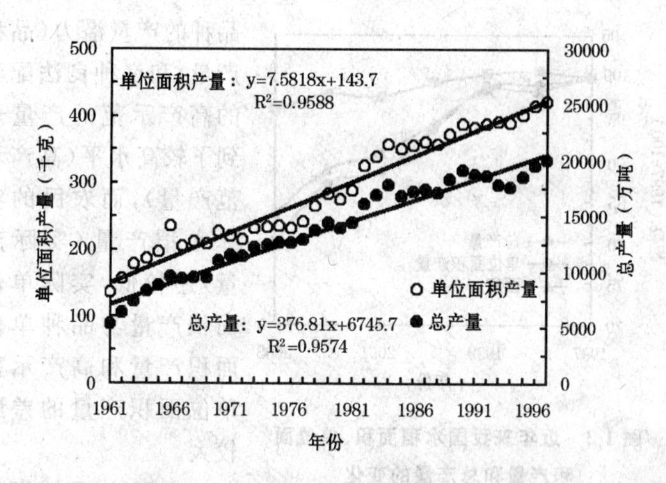

图 1-2　我国 1961～1997 年水稻单位面积产量与总产量增长

连作稻面积也下降了 45%左右。分析表明，由于连作稻面积的减少对水稻种植面积下降的影响率为 75%。因此，近年来我国水稻种植面积下降的主要原因是由连作稻改单季稻引起的。我国每 667 平方米水稻产量以 1998 年最高，为 424.4 千克，1998 年总产量为 19 871.3 万吨。1998～2003 年水稻面积、单位面积产量和总产量连续 5 年下降，分别下降 17%、4%和 20%（图 1-3），2003 年比 1998 年总产量下降 3 805.7 万吨，年均下降 761.1 万吨。这已引起社会各界的高度重视。

分析这 5 年中水稻总产量下降的原因表明，由于种植面积下降造成的减产达 76.8%，由于单位面积产量的下降引起水稻总产量下降 23.2%。由于我国水稻种植面积大，单位面积产量的变化对总产量影响很大，因单位面积产量下降导致总产量年均下降 176.6 万吨。

近年来，随着我国育种技术的进步，及栽培技术的发展，

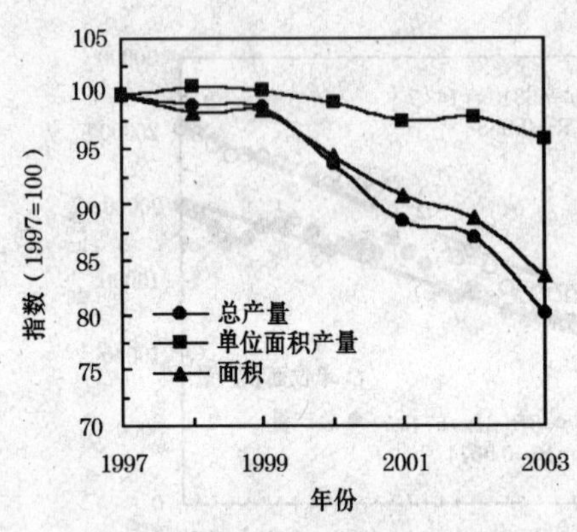

图 1-3　近年来我国水稻面积、单位面积产量和总产量的变化

品种的产量潜力（品种产量）和良种良法配套的高产示范的产量达到了较高水平（高产示范产量），而农民的实际水稻产量（实际产量）还较低，实际单位面积产量与品种单位面积产量和高产示范单位面积产量的差距较大。

实际产量是指稻农实际收获的单位面积产量；品种产量是指在南方区域试验中产量高于对照品种的平均单位面积产量；高产示范方产量是指良种良法配套在专家指导下单位面积产量。分析表明，不同季节类型水稻的产量差异很大。全国早稻平均品种产量和高产示范产量分别比实际产量高 44%和 109%；单季中稻平均品种产量和高产示范产量比实际产量提高 26%和 83%；晚稻平均品种产量和高产示范产量比实际产量提高 37%和 107%（图 1-4）。这表明我国水稻生产通过良种与良法配套还存在较大的增产潜力。

造成目前我国水稻实际产量与品种产量潜力和高产示范产量差距的主要原因是水稻优良品种和高产栽培技术的不配套。1996 年以来，全国主要生态区开展的超级稻育种及超高产栽培技术的研究，在基础理论研究和品种选育上均取得了较大的进展。国内育成的许多品种和组合大面积种植单位面积产量达 9.75～10 吨/公顷，有的百亩示范片的单位面积产

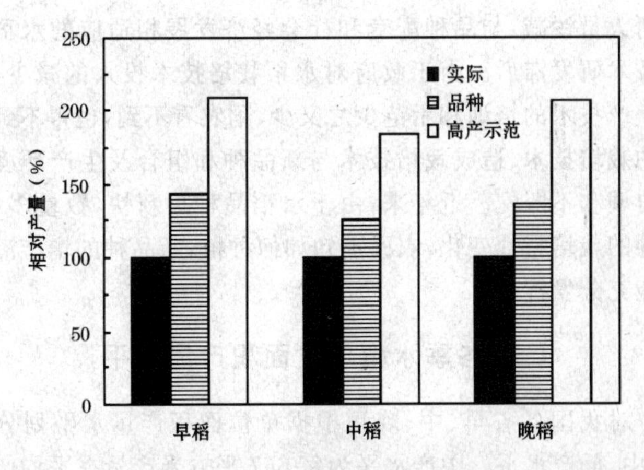

图 1-4　我国南方稻区早稻、中稻和晚稻产量差异及增产潜力

量也超过 12 吨/公顷。但现实情况是往往这些高产品种和高产栽培技术不能有效的落实到一线生产者，实际生产中沿用较多的仍然是传统的栽培技术。

我国水稻单位面积产量的提高主要得益于 20 世纪 50 年代半矮秆品种的育成和 70 年代杂交稻的利用及相应配套的栽培技术的应用，这两次水稻生产实践中的重大事件使我国水稻产量实现了两次突破。大量试验表明，当时的半矮秆品种沿用高秆品种的栽培技术，其产量与高秆品种相近。从半矮秆品种发展到杂交稻，把半矮秆品种的栽培技术应用于杂交稻上，其产量也与半矮秆品种相似。这表明水稻新品种的出现如果没有相应的栽培技术配套，品种的产量潜力也难以发挥。近 20 年来，我国在水稻育种领域投入了大量的人力与财力，使我国品种更替速度加快，现在我国在生产上应用的主要水稻品种和组合(6 667 公顷以上)在 500 个以上。

由于我国在水稻栽培技术研发上投入少，从而使相应的科研人员锐减，与品种配套和社会经济发展相适应的水稻栽培技术研发滞后。由于政府对水稻栽培技术投入的减少，水稻生产技术的培训和示范少之又少，稻农看不到，也得不到现代的栽培技术，造成栽培技术与新品种和组合及生产环境的不协调和不匹配。近年来，由于水稻品种更新快，数量多，新品种的栽培特性变化，农民不知如何种植，新品种的增产潜力不能充分发挥。

（三）各季水稻单位面积产量水平

对我国各省早、中、晚稻根据单位面积产量水平划分为高、中、低产水平。中产水平为每667平方米产量在平均产量5%上下为准，低于中产水平的为低产，高于中产水平的为高产。全国共有13个省、自治区、市种植早稻，早稻低产、中产、高产的省份分别占23%、46%和31%。早稻低产、中产、高产的面积分别占7%、74%和18%。由于低产省份所占面积比例比较小，因此，重点抓中产向高产水平的转化，以提高早稻平均产量(图1-5)。

我国有28个省、自治区、市种植中稻，中稻低产、中产、高产的省份分别占43%、36%和21%，低产、中产和高产的面积分别占28%、50%和22%，中低产省份比例占78%。在中稻生产中应重点抓低产的面积向高产转化(图1-6)。

我国有15个省份种植晚稻，晚稻低产、中产、高产的省份分别占40%、27%和33%，低产、中产和高产的面积分别占38%、30%和31%。为整体提高晚稻的单位面积产量水平，应重点抓好中、低产晚稻生产，提高中低产晚稻的产量水平(图1-7)。

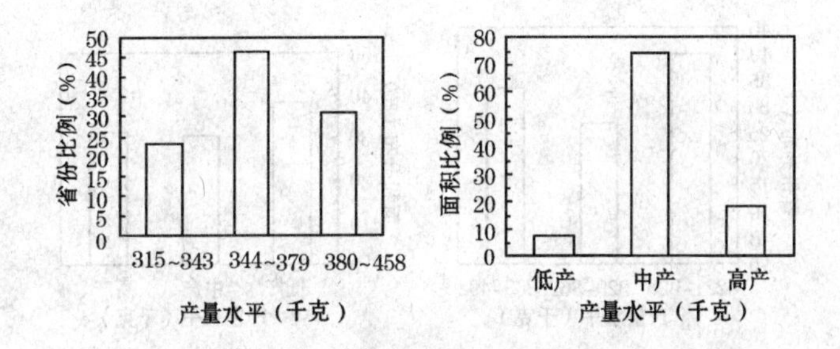

图 1-5　2004 年早稻不同产量水平省份与面积比例

（低产水平：315～343 千克/667 平方米；中产水平：344～379 千克/667 平方米；高产水平：380～458 千克/667 平方米）

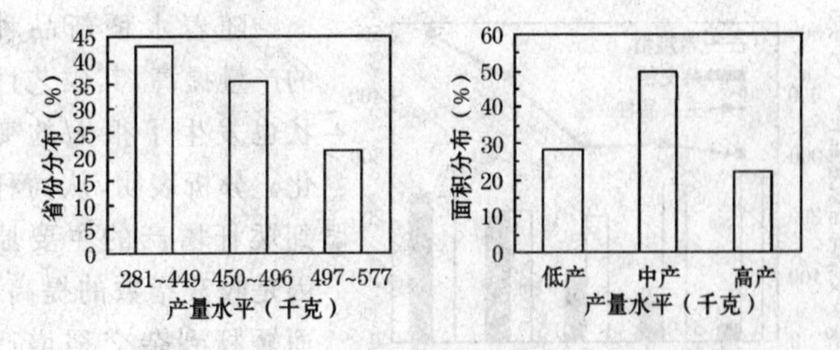

图 1-6　2004 年中稻不同产量水平省份与面积比例

（低产水平：281～449 千克/667 平方米；中产水平：450～496 千克/667 平方米；高产水平：497～577 千克/667 平方米）

二、水稻品种的进步与特性的变化

在水稻育种技术进步的同时，我国生产上推广的主要水稻品种(0.67 万公顷以上)的应用数量逐年增加(图 1-8)。从 1985～2004 年生产上应用的杂交稻组合数量增加很块，平均每年增加 11.3 个品种。生产上应用的主要品种个数，从 1995～2004 年近 10 年中，年均增加近 30 个。

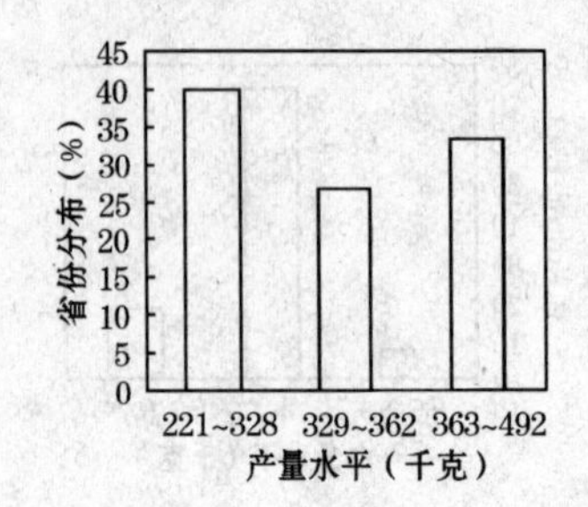

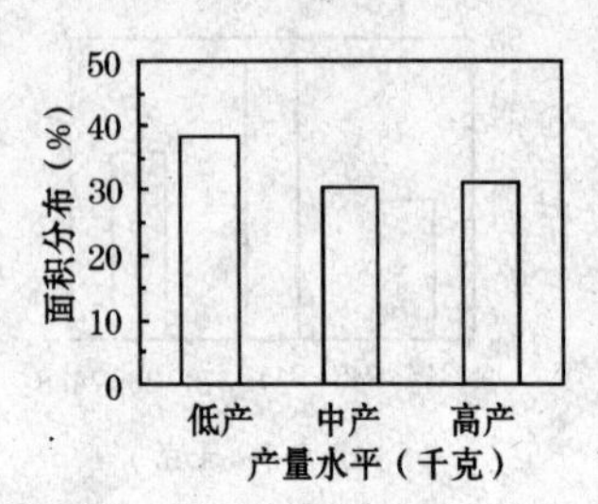

图 1-7　2004 年晚稻不同产量水平省份与面积比例

（低产水平：221～328 千克/667 平方米；中产水平：329～362 千克/667 平方米；高产水平：363～492 千克/667 平方米）

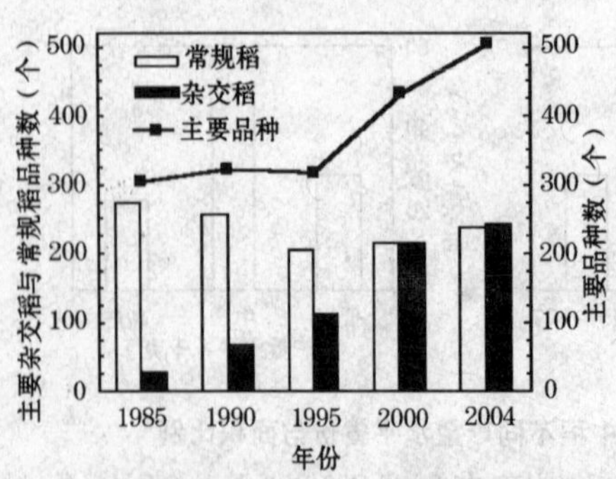

图 1-8　我国生产上应用的主要水稻品种数变化

随着水稻新品种的产量提高，其农艺性状也发生了很大的变化。分析表明，从高秆到矮秆增产的主要原因是收获指数的提高，而矮秆到杂交稻增产的主要原因是生物学产量的改善。对福建省不同年代品种性状演变趋势的分析表明，近年来在生产上推广应用的杂交稻，比 20 世纪 50 年代的高秆品种和 60 年代以来育成的矮秆品种每穗粒数提高 41％和 58％，水稻穗型变大是水稻增产的主要原因。据江苏省品种特性分析表明，随着品种产量水平的提高，单位面积穗数下降，总颖花数和每穗实粒数的提高，植株变高，结实率和千粒重提高，生育期变长。穗粒数增加是产量水平提高的主要因素(表1-1)。

表1-1 不同时期江苏省江淮稻区中粳品种主要农艺性状变化

时 期	生育期(天)	株高(厘米)	穗数(穗/平方米)	总粒数(粒/穗)	结实率(%)	千粒重(克)	产量(吨/公顷)
1980～1985	143	69	396	92	82.7	25.4	7.16
1986～1990	145	69	396	93	86.2	25.4	8.03
1991～1995	149	71	370	101	88.2	26.5	8.35
1996～2000	152	98	363	109	93.2	26.9	9.01
2001～2002	152	99	321	122	90.8	27.4	9.23

近几十年来,水稻新品种特性的变化表现在分蘖力增强、株高提高、穗型变大。这对栽培技术提出了新的要求,与之相配套的栽培技术应该是培育壮秧,适当稀植及相应的栽培措施,如构建穗粒协调的高产群体,改善根系生长和活力,促进大穗,提高结实率。

三、良种良法配套对增产的贡献

我国水稻栽培技术的研究和应用是以品种为核心,良法与良种配套,在发挥和提高水稻品种产量潜力,改善和提高稻米品质,提高肥水资源利用效率,降低劳动强度,缓解逆境对水稻的影响和提高劳动生产率等方面做出了重要贡献。研制成功了精量播种与育苗移栽技术、施肥技术、节水灌溉技术、化控技术、群体优化调控技术、轻简栽培技术和抗逆栽培技术等实用技术。这些技术成果的推广和普及,对不同地区水稻的增产、增收提供了强有力的技术保障。

我国水稻单位面积产量从1949年每公顷不足2吨提高到1998年6.3吨，单位面积产量提高3倍多。随着科学技术的进步，良种是增产的内因，水稻产量的提高需要有产量潜力更大的品种，但高产品种的增产须通过栽培技术配套才能充分发挥。20世纪50年代我国的水稻品种以推广农家良种为主，如长江中下游地区的单季晚稻“老来青”等，采用当地传统栽培，单位面积产量为2.2～3.7吨/公顷，如应用陈永康水稻高产栽培“三黑三黄”经验，单位面积产量可达7.5吨/公顷。为此，农艺学家总结和研究陈永康水稻栽培经验后，提出了不同水稻品种高产栽培“三黑三黄”的理论和技术，促进了高产栽培技术的推广。60年代中期全国水稻单位面积产量提高到3吨/公顷。60年代后期到70年代初，随着半矮秆水稻品种的育成与推广，研究和发展“因种因茬”(根据品种、根据前茬作物)水稻育秧技术，研发了尼龙薄膜育秧技术，使水稻生长与良好的光、温等环境资源同步，水稻抽穗开花提早，减少了后期不良环境因子的影响。70年代后期，研究与杂交稻生育特性相配套的两段育秧技术，发挥杂交稻的分蘖优势。通过培育不同秧龄的秧苗，解决了季节、劳力和茬口的矛盾，使水稻多熟制迅速发展。在育秧技术研发的基础上，通过合理密植，构建优化群体，合理增施肥料等技术的研究和推广，全国水稻单位面积产量提高到4吨/公顷。80年代到90年代，随着高产常规稻品种和杂交稻的育成和推广，研究和发展了水稻稀播稀植技术，发挥了水稻分蘖优势，构建了水稻优化群体。发展了稀播、培育壮秧、以蘖代苗、适当稀植确立适宜群体和建成高光效群体和以分蘖成穗为主的杂交稻高产栽培技术。80年代推广“水稻稀少平”、“叶龄模式”等为代表的水稻高产优质栽培技术，使全国水稻单位面积产量提高到5吨/公顷。90 年代，研究和推广了“旱育稀植”、“抛秧直播技术”、“群体质量栽培”、“水稻浅湿干灌溉技术”等为代表的水稻高产优质栽培技术，在稳定水稻种植面积的同时，全国水稻平均单位面积产量实现了 6 吨/公顷。

随着市场经济的发展，水稻生产从产品生产转到商品生产，研究和推广优质稻米栽培技术，减少迟栽晚发、氮肥过量、病虫危害、群体过大和贪青晚熟等影响优质稻米产量形成的因素。根据高产水稻的需肥规律，土壤供肥规律和水稻高产的生长规律，研究和推广“稳氮增磷钾”、“前肥后移”的施肥方法，提高了肥料利用率和经济效率。以节水高产为目的技术和机制研究，改传统水稻淹水灌溉为“浅湿干”灌溉，水稻每 667 平方米灌溉用水量从 1 500 立方米左右下降到 700 立方米左右。从而，减少了肥水流失，改善了生态环境质量。随着社会经济发展，为简化稻作程序、减少用工、减轻劳动强度、提高劳动生产率、降低稻作成本，发展以旱育稀植、抛秧栽培、直播、化学调控和机械化种植为主的简化栽培技术。

20 世纪 90 年代后期以来，我国水稻生产进入新时期，水稻种植面积大幅下降，提高水稻单位面积产量已成为稳定水稻总产量和提高种稻效益的重要途径。我国水稻产量的两次飞跃是良种良法配套的结果，良种良法配套也是我国自 50 年代到 90 年代中期水稻生产稳步发展的成功法宝。由于近年来科技投入取向的偏差，存在重品种、轻栽培的现象，技术与品种不配套，使栽培技术无重大突破。缺少水稻品种的相应配套栽培技术研究和示范，农民不知如何选择适宜的品种，由于不同品种栽培特性的差异，也不知道新品种应如何种植。因此，把老技术应用于新品种的现象普遍存在，使新品种的产量潜力不能得到发挥。这些问题严重制约着我国稻作生产和水稻产业的发展。

随着超级稻的选育成功和生产应用，在研究超级稻生育特性和高产形成规律的同时，通过技术组装提出以精量播种、培育壮苗、宽行稀植、定量控苗、精确施肥、控水灌溉和综合防治等集成配套超高产栽培技术。该技术的应用比传统栽培技术增产显著，同时提高了肥料利用率和生产效率，减少了肥料的施用量和灌溉用水量，减少了稻田排水次数和数量，使稻田农药和肥料流入河、湖的数量有较大幅度下降，保护了环境。

第二章　超级稻研究与生产应用

一、全球超级稻研究

(一)水稻超高产育种与株型研究

韩国于1971年开始籼粳杂交育种，育成“统一”系列品种，即籼粳杂交育种的高产水稻品种，形态上表现为叶片中长直立、茎鞘粗、矮秆、穗较长、抗倒、株型较松散。日本于1982年开始超高产育种，目标是在15年中通过籼粳杂交育成产量比对照提高50％的品种。育成的Akichikara等品种可分为多粒大穗和大粒小穗等类型。1976年我国杂交稻育成并推广。籼型三系杂交稻的产量优势，比常规稻增产20％左右。

Donald于1968年提出理想株型育种，并根据作物生理和形态的知识，从光合、生长和籽粒产量形成优良特性的组合定义为理想株型。Tsuchoda比较了水稻产量形成对氮肥的反应及其与不同水稻基因型的株型的关系。耐肥高产的品种具有茎秆矮化、叶片短挺直、窄厚、叶色深的特点。这种耐肥性状和高产特性的密切关系为育种家提供了理想株型的概念。

Dingkuhm通过国际稻系列品种株型的参数修正，模拟结果表明，理想株型可增产25％。其主要株型生长特性如下：①营养生长早期降低分蘖力，增加叶片生长；②在营养生长末期和生殖生长期，减少叶片生长，提高叶片含氮量；③提高上部叶片含氮量，增加冠层叶片垂直氮浓度梯度；④提高碳水化合物的贮存量；⑤扩大库容量，延长灌溉时间。

国际水稻研究所在研究半矮秆国际稻高产品种存在的限制产量因子的基础上，于 20 世纪 80 年代末提出水稻新株型的概念，并开展育种研究和选育。我国各地自 80 年代在超高产育种中开始理想株型研究和育种。

(二)水稻新株型的研究进展

针对热带地区过去 30 年中水稻改良新品种的产量潜力徘徊的事实，国际水稻所组成多学科协作组探讨打破水稻产量潜力“极限”的途径。热带改良半矮秆水稻新品种，如 IR8，IR36，IR72 等均具有一些类似特性。这些热带半矮秆水稻类型为典型籼稻，叶片狭长，叶宽约 0.7 厘米。分蘖力强，在每平方米 25 丛、每丛 3～5 本的种植条件下，每丛分蘖30～40 个，成穗率仅为 50％。在高产条件下，平均穗粒数约60～80 粒，群体中每穗粒数变异很大。籽粒长粒型，千粒重较低，大多为 22～25 克。株高 100 厘米左右，茎秆细小。在高产条件下，如后期遇暴雨台风袭击，往往容易倒伏。生育期 100～130 天，产量潜力 8～10 吨/公顷。

为打破改良矮秆品种的产量极限，1989 年国际水稻研究所提出新株型研究计划。提出通过水稻品种的株型改良，提高品种产量潜力。水稻新株型与传统半矮秆水稻类型的特性有很大的差异。新株型性状的主要特点：①低分蘖力，无无效分蘖。②大穗，每穗粒数 200～250 粒。③茎秆粗壮，坚硬，株高 90～100 厘米。④叶片宽厚挺，叶色深。⑤生育期 100～130 天，抗多种病虫。⑥产量潜力大，产量 13～15 吨/公顷。水稻新株型育种工作始于 1989 年，种质大多数来自印度尼西亚的 Bulus，属热带粳稻，以大穗、分蘖力弱和茎秆坚硬为主要特点。主要通过热带粳稻间杂交进行选育。杂交工作于1990 年早季进行，F_1 代于 1990 年雨季种植，后经 4 年 8 季选择，选出一些产量潜力高，且具有新株型性状的品系。这些品系于 1993 年雨季在观察圃中种植，1994 年早季则在大田条件下，以 IR72 为对照，11 个新株型品系的产量潜力和形态特性得到进一步评价。

第一代新株型(NPT)品系具有原设计的形态特性。少分蘖大穗，抗倒，但其产量表现未能达到预期目标。产量不高的主要原因是生物产量低和结实率差。还存在感病虫、米质差等问题。因此，第一代 NPT 品系未能推广应用。

针对第一代 NPT 品系存在的生物产量小，结实率低影响产量的因子。国际水稻研究所于 1995 年，启动选育第二代 NPT 品种。主要通过第一代 NPT 与优良籼稻亲本杂交。在株型特征特性上也作了修改，主要有：①由于分蘖力过低影响生物产量的提高，因此，提高分蘖力以增加生物产量。②穗型由原来的每穗 200～250 粒调整到每穗 150～200 粒，但穗长不变，使着粒密度下降。③通过籼稻种质改善米质和抗病虫能力。

改良后的第二代 NPT 品系于 2002 年和 2003 年和对照籼稻品种 IR72 及第一代 NPT 优势品系进行比较试验。第二代 NPT 品系有的改善了生物产量，也有的改善了收获指数。穗粒数比 IR72 提高 45％～75％，有的产量比 IR72 显著提高(Peng，2004)。然而，产量高于 IR72 的第二代 NPT 品系没有共同的特性。

二、我国超级稻的提出和研究进展

(一)超级稻的提出

根据我国人口增加对粮食的需求及水稻在粮食中所占比例计算,与 1995 年相比,到 2030 年全国水稻总产量须增加 38.4%。研究表明,受社会经济和技术的限制,近 10 年来我国水稻单位面积产量增幅变小,2000 到 2004 年单位面积年均增产率仅为 0.2%。随着社会经济和城市化发展,稻田面积和水稻种植面积逐年减少,水资源短缺,土地质量下降等因素将限制水稻生产的发展,提高水稻单位面积产量以满足人口增长对粮食的需求将是主要的途径。

1997 年,农业部组织有关专家讨论我国超级稻研究计划,并提出了超级稻研究的路线和目标。超级稻育种技术路线是理想株型与杂种优势相结合。超级稻研究目标是通过与良种良法配套,育成的品种和组合在较大面积(百亩连片)水稻每 667 平方米产量到 2000 年稳定地实现 600～700 千克。到 2005 年突破 800 千克,到 2015 年跃上 900 千克的台阶。在大面积生产上超级稻的产量比当时生产上应用的对照品种增产 10%以上。还要求北方粳稻和南方籼稻米质分别达到农业部颁布的一、二级优质米标准,抗当地 1～2 种主要病虫害,并形成超级稻良种配套栽培技术体系。2005 年农业部根据我国超级稻的研究进展,为更好地推动超级稻的研究发展和生产应用,提出了超级稻研究和推广的中长期规划,制定了中长期研究目标(表 2-1)和推广计划目标(表 2-2)。

表 2-1　超级稻品种产量　(千克/667 平方米)、米质和抗性指标

区　域	长江流域早稻	长江流域中熟晚稻	华南早晚兼用稻;长江流域迟熟晚稻	长江流域一季稻;东北中熟粳稻	长江上游迟熟一季稻;东北迟熟粳稻	特殊生态区
生育期	102～112	110～120	121～130	135～150	150～170	
耐肥型	600(620)	680	720	780	850	1250
广适型	注:省级以上区试增产 8%以上或 1/3 的点增产 15%以上,生育期与对照相近					

注:北方粳稻达到农业部颁布的 2 级米标准,南方晚籼达到农业部颁布的 3 级米标准,南方早籼和一季稻达到农业部颁布的 4 级米标准,抗当地 1～2 种主要病害。在相同生育期,北方粳稻产量比南方籼稻低20～30 千克。由于 900 千克三期目标是 2015 年的指标,本规划确定 2010 年的指标为 850 千克。本规定 2005 年由农业部科教司提出

表 2-2　各主要稻作区研究与推广目标

区　域	超级稻品种(个)	配套技术(套)	推广面积(万亩)
长江中下游	10～12	3～5	6200
长江上游	5～6	1～3	2600
华南地区	7～8	1～2	1500
东北地区	3～4	2～3	1700
合　计	25～30	7～13	12000

注:超级稻品种(含组合,下同)是指采用理想株型塑造与杂种优势利用相结合的技术路线等有效途径育成的产量潜力大,配套超高产栽培技术后比现有水稻品种在产量上有大幅度提高,并兼顾品质与抗性的水稻新品种

(二)超级稻的株型模式

我国不同稻区在长期育种实践中,形成了与生态环境相适应的高产水稻株型模式(表 2-3)。

表 2-3　国内主要水稻理想株型模式

单　位	理想株型	主要特点	代表品种
沈阳农业大学	直立大穗型	穗型直立,300 穗/平方米,穗重约 4 克	沈农 265
广东农业科学院	早长根深型	大穗,260 穗/平方米,穗重约 4.5 克	胜泰 1 号
四川农业大学	稀植重穗型	重穗,225 穗/平方米,穗重大于 5 克	Ⅱ优 162
湖南杂交稻中心	功能叶挺长型	功能叶长,240 穗/平方米,穗重约 5 克	两优培九
中国水稻研究所	后期功能型	青秆黄熟,240 穗/平方米,穗重约 5 克	协优 9308

1. 华南丛生早长根深株型　其模式主要特点是:生长前期分蘖旺盛、丛生、矮生,以达到穗数足、穗头齐。拔节后长粗长高快,为形成粒多粒重的矮秆重穗类型创造条件;出穗成熟期间保持旺盛的光合势,茎叶转色好,营养物质转运顺调,经济系数高。该模式的代表性品种有胜泰 1 号、广超 6 号、桂朝 2 号、双桂 1 号和特青 2 号等。

2. 东北直粒大穗株型　育成以穗型直立为特征的株型,单叶光合效率比较高的理想株型品种。该模式的代表性品种有沈农 265、辽粳 5 号、沈农 1033、辽粳 326 号以及沈农 515 等。

3. 重穗型杂交稻株型　四川盆地的超高产育种的重点是亚种间重穗型杂交稻。重穗型杂交稻的主要特征是单穗重 5 克以上。育成亚种间重穗型代表性组合有Ⅱ优 162、Ⅱ优 6078 和 D 优 527 等。

4. 两系法亚种间功能叶挺长株型　我国继三系杂交稻以后,利用籼粳亚种间杂交优势。水稻亚种间杂种优势明显强于品种间杂种优势,已育成了二系杂交稻。两系法具有不受恢复系保持系关系制约亲本选择范围广等特点。该模式的代表性二系组合为两优培九、培矮 64S/E32 等。

5. 后期功能株型 为了实现水稻单位面积产量的大幅度提高，必须增大“库容”，即增大穗型。为了保证有充足的干物质积累，以提高籽粒的充实度，必须强“源”和畅“流”，即具有较强的叶片光合能力和物质输送能力。“后期功能型”是水稻形态与功能的结合，旨在提高花后的物质生产量。这种模式表现为在具有良好的形态结构基础上，生育后期的干物质生产、光合效率、根系生长和活力等生理特征特性上表现出明显的优势，该模式的代表性水稻组合为协优 9308 等。

（三）超级稻育种进展

经过全国联合攻关，我国已育成一批通过省级以上审定、达到超级稻指标的新品种和组合，到 2005 年已有 28 个品种和组合被农业部认定为超级稻品种（表 2-4），2006 年又有 21 个品种和组合被认定为超级稻品种（表 2-5）。根据对比调查，超级稻新品种大面积每 667 平方米产量一般能达到 600 千克，比普通品种增产 50 千克。近年来，超级稻研究实现了“三大转变”，取得了“三项突破”。“三大转变”：实现超级稻育种技术从常规杂交技术向常规育种技术与分子育种技术结合的转变；育种目标从单纯的超高产向超高产与优质和抗病性结合的转变；育种成果转化从单一的科研单位实施向科研单位—技术推广部门—种子企业“三位一体”共同实施大面积推广的转变。“三项突破”：超级杂交稻品种及生产配套技术首次获国家大奖；首次多品种、多点百亩连片平均 667 平方米产量超过 800 千克，小面积每 667 平方米产量突破 900 千克大关；应用分子育种技术培育超级杂交稻新组合 6.67 公顷（百亩）示范每 667 平方米产量突破 800 千克，显示出良好的应用前景。仅 2004 年共有 10 项超级稻研究成果获奖，通过国家和省级审定品种 30 个。

表 2-4 2005 年我国认定的超级稻品种和组合

编号	品　种	类　型	季　节	主要适宜种植地区
1	天优 998	杂交稻	早、晚稻	华南双季稻区
2	胜泰 1 号	常规稻	早、中、晚稻	华南地区
3	D 优 527	杂交稻	单季稻	四川省
4	协优 527	杂交稻	单季稻	四川省
5	Ⅱ优 162	杂交稻	单季稻	西南地区及长江流域
6	Ⅱ优 7 号	杂交稻	单季稻	四川省中籼迟熟稻区
7	Ⅱ优 602	杂交稻	单季稻	四川省中籼迟熟稻区
8	准两优 527	杂交稻	单季稻	湖南省
9	丰优 299	杂交稻	晚稻	长江流域
10	金优 299	杂交稻	早稻、单季稻	湖南省、广西省、江西省
11	Ⅱ优 084	杂交稻	单季稻	长江中下游
12	辽优 5218	杂交稻	单季稻	辽宁省
13	辽优 1052	杂交稻	单季稻	辽宁省
14	沈农 265	常规稻	单季稻	辽宁省、吉林南部
15	沈农 606	常规稻	单季稻	沈阳以南
16	沈农 016	常规稻	单季稻	沈阳以南
17	吉粳 88	常规稻	单季稻	吉林省、辽宁省、黑龙江省
18	吉粳 83	常规稻	单季稻	吉林省、辽宁省、黑龙江省
19	协优 9308	杂交稻	单季稻	浙江等省
20	国稻 1 号	杂交稻	单季稻、晚稻	浙江省、江西省
21	国稻 3 号	杂交稻	晚籼稻	浙江省、江西省
22	中浙优 1 号	杂交稻	单季稻	长江流域等省、市

续表 2-4

编号	品　种	类　型	季　节	主要适宜种植地区
23	Ⅱ优明 86	杂交稻	双季晚稻、单季稻及再生稻种植	全国南方稻区
24	Ⅱ优航 1 号	杂交稻	单季稻	长江中下游中稻区
25	特优航 1 号	杂交稻	单季稻	福建及长江流域
26	Ⅱ优 7954	杂交稻	单季稻	长江流域及南方稻区
27	两优培九	杂交稻	单季稻	长江流域及南方稻区
28	Ⅲ优 98	杂交稻	单季稻	安徽省

表 2-5　2006 年农业部认定的 21 个超级稻品种

编　号	品　　种	类　　型
1	天优 122	三系杂交稻
2	一丰 8 号	三系杂交稻
3	金优 527	三系杂交稻
4	D 优 202	三系杂交稻
5	Q 优 6 号	三系杂交稻
6	黔南优 2058	三系杂交稻
7	Y 优 1 号	籼型两系杂交稻
8	株两优 819	籼型两系杂交稻
9	两优 287	籼型两系杂交稻
10	培杂泰丰	籼型两系杂交稻
11	新两优 6 号	籼型两系杂交稻
12	甬优 6 号	籼型常规稻
13	中早 22	籼型常规稻

续表 2-5

编　号	品　　种	类　　型
14	桂农占	籼型常规稻
15	武粳 15	粳型常规稻
16	铁粳 7 号	粳型常规稻
17	吉粳 102	粳型常规稻
18	松粳 9 号	粳型常规稻
19	龙粳 5 号	粳型常规稻
20	龙粳 14 号	粳型常规稻
21	垦粳 11 号	粳型常规稻

三、超级稻的生产应用

2005 年认定的 28 个超级稻品种和组合已在全国主要稻区推广应用。根据2004 年超级稻品种的推广面积和我国水稻统计面积计算，超级稻品种和组合在各季水稻生产的推广面积占8.8%。其中早季超级稻面积占 0.21%，中稻13.32%，晚稻占5.54%(图 2-1)，在 28 个超级稻品种(组合)

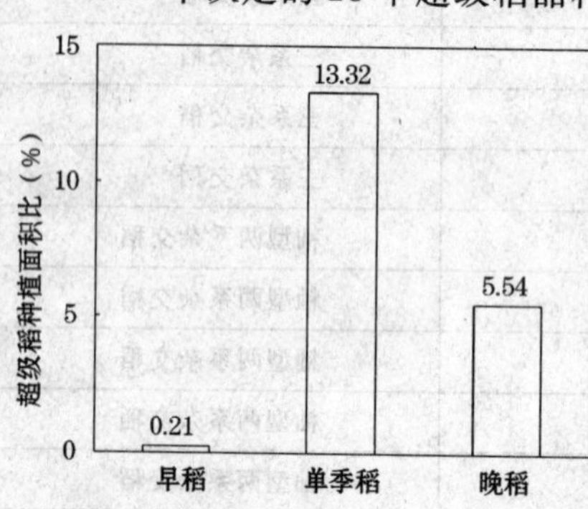

图 2-1　2004 年全国超级稻品种(组合)占各季水稻种植面积的比例

中，有 24 个主要作为单季稻种植，3 个可作为连作早稻种植，有 6 个可作为连作晚稻种植。当前超级稻品种主要集中在单季稻，而早稻的超级稻品种较少。因此，早稻生产中超级稻种植面积很少，所占比例很低。为促进超级稻的推广应用，须加强连作稻超级稻品种的选育。

分析超级稻种植的地区分布，我国超级稻主要在 16 个省、自治区、市种植。其中种植面积较大的是四川、安徽和湖北省。种植超级稻面积占本省水稻面积 10%以上的省份有四川、重庆、安徽、湖北、浙江、河南、福建、陕西和江苏等 9 个省、市（表 2-6）。

表 2-6　2004 年各省份超级稻种植面积及其占水稻种植面积百分比

省　份	种植面积（万公顷）	面积比例（%）
安　徽	36.42	18.5
福　建	10.93	11.4
广　东	1.19	0.6
广　西	3.17	1.3
贵　州	4.43	6.2
河　南	5.94	11.8
湖　北	29.85	16.5
湖　南	17.02	5.0
吉　林	3.09	5.7
江　苏	18.85	10.2
江　西	20.75	7.7

续表 2-6

省　份	种植面积(万公顷)	面积比例(%)
辽　宁	2.53	5.1
陕　西	1.59	11.4
四　川	46.71	22.9
浙　江	16.13	16.5
重　庆	14.33	19.1
全国合计	232.95	8.8

超级稻在全国种植的示范产量表现因示范方类型和种植季节不同而不同。在 6.67 公顷(百亩)、66.7 公顷(千亩)和 667 公顷(万亩)示范方中,单位面积产量以 6.67 公顷示范方最高,其次 66.7 公顷示范方,667 公顷示范方最低。中稻 66.7 公顷和 667 公顷示范方分别比 6.67 公顷示范方产量下降 7%和 15%。早稻 66.7 公顷和 667 公顷分别比 6.67 公顷示范方下降 6%和 13%。晚稻 66.7 公顷和 667 公顷分别比 6.67 公顷示范方下降 8%和 19%(图 2-2)。

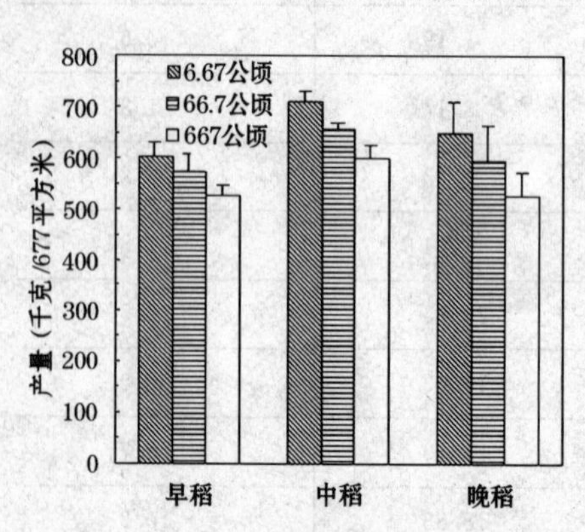

图 2-2　2005 年全国超级稻各季 6.67 公顷、66.7 公顷和 6.67 公顷示范区平均产量比较

各类示范方产量以中稻最高,晚稻次之,早稻最低。各类示范方平均 667 平方米产量,中稻 657 千克,早稻 566 千克,晚稻 591 千克。667 公顷示

范方与大面积水稻生产的条件比较接近，667 公顷示范方平均每 667 平方米产量中稻 601 千克，而早稻和晚稻均为 526 千克，分别比 2004 年早稻、中稻和晚稻的平均每 667 平方米产量 361.2 千克、472.6 千克和 345.2 千克增产 45.6%、27.2%和 52.4%。

第三章 超级稻特性与高产原理

一、分蘖特性

(一)品种间分蘖差异

2005 年超级稻品种和组合特性试验,对照组合为汕优 63,种植密度为 1.19 万丛/667 平方米,单本移栽,肥水等栽培措施与生产一致。在相同栽培条件下,其中 14 个超级稻品种和组合的单株最高苗 20 个茎蘖以上,超过对照,有 8 个品种和组合的最高苗低于对照。超级稻品种和组合单株有效穗数在 12.0～15.5 个之间,平均 13.2 个,比汕优 63 对照 12 个增加 10%。超级稻品种和组合分蘖成穗率在 51.3%～65.4%之间,平均 56.2%,比对照汕优 63 的 49.8%提高 13%(表 3-1)。表明超级稻品种和组合的分蘖力较强,成穗率较高。

表 3-1 2005 年超级稻品种和组合与汕优 63 单株成穗数与成穗率

品 种	单株成穗数		成 穗 率	
	穗数(个)	相对值(%)	成穗率(%)	相对值(%)
协优 527	14.0	117	51.3	103
D 优 527	13.4	112	53.2	107
Ⅱ优 7 号	13.0	108	65.4	131

续表 3-1

品　种	单株成穗数		成 穗 率	
	穗数(个)	相对值(%)	成穗率(%)	相对值(%)
Ⅱ优 602	12.4	103	54.0	108
天优 998	14.9	124	57.6	116
胜泰 1 号	12.0	100	52.1	105
中浙优 1 号	15.2	127	62.9	126
协优 9308	13.1	109	62.9	126
两优培九	15.5	129	54.4	109
特优航 1 号	12.1	101	52.5	105
Ⅱ优航 1 号	12.1	101	50.4	101
Ⅱ优明 86	12.4	103	54.7	110
内 2 优 6 号	12.0	100	59.5	119
超级稻平均	13.2	110	56.2	113
汕优 63(CK)	12.0	100	49.8	100

(二)分蘖出生角度

分蘖出生角度指分蘖与主茎的夹角。在水稻生长早期，一定的分蘖出生角度有利于叶片接受光照，增强水稻与杂草的竞争能力。分蘖出生角度作为品种特性，还受到移栽秧龄、密度和深度的影响。2002 年在水稻强化栽培(SRI)条件[20 天秧龄，移栽密度 0.6 万丛/667 平方米(S6)和 0.9 万丛/667 平方米(S9)]及常规栽培方法[30 天秧龄，移栽密度 1.67 万丛/667 平方米(TC)],研究两优培九和Ⅱ优 7954 分蘖出生角度的差异。以水稻强化栽培的短秧龄和稀植条件下种植的水稻,两优培九和Ⅱ优 7954 分蘖出生角度均在 65°～70°之间,而按常规栽培方法种植的水稻,分蘖生长角度在 35°～45°之间。在相同密度下不同秧龄种植的水稻分蘖生长角度的研究同样表明,水稻分蘖生长角度主要受到移栽秧龄的影响。秧龄小,一般种植也较浅,分蘖出生角度大。而秧龄大,一般种植相对较深,分蘖出生角度小。

(三)分蘖的出生

超级稻产量构成因素中,以单位面积总粒数与产量的相关性最密切,对增产的贡献最大。而穗数则是制约单位面积总粒数的主要因素。与小麦不同,水稻分蘖成穗对产量贡献很大,尤其是超级稻,分蘖穗对产量贡献在 70%左右。因此,利用分蘖成穗,对提高超级稻,特别是对超级杂交稻具有重要的意义。在田间条件下,水稻单株可产生大量分蘖,但其成穗率较低,一般仅为50%～80%,而南方杂交稻成穗率有的仅为50%～60%。无效分蘖不仅与有效茎蘖争光争肥,还会造成群体恶化,引发病虫害。因此,从品种和栽培两个方面提高分蘖成穗率,对提高水稻产量和资源利用率显得十分重要。

水稻分蘖的消长动态经历 3 个阶段:一般移栽后 5～7 天即开始分蘖,分蘖初期为缓慢增长阶段;经分蘖缓慢增长阶段后进入迅速增长阶段;分蘖高峰期至穗数确定期为分蘖消亡阶段。分蘖的出生和生长受到肥、水、密度和秧龄等的影响。

施肥对分蘖发生的影响中,以氮肥对分蘖的影响最大。通常在分蘖期间通过氮肥的施用来提高叶片和植株的含氮量,提高分蘖的发生量。

分蘖期间不同的水层深度显著影响分蘖的出生。据中国水稻研究所2004年大田试验的观测表明，分蘖期间当稻田水层为1～2厘米时，分蘖处于最佳状态。当水深大于5厘米时，分蘖推迟，分蘖速度减慢，分蘖总数和有效分蘖数减少。无水层处理分蘖高峰推迟，分蘖速度降低，成穗率降低。不同品种变化趋势一致。因此，在生产管理上，对有灌溉条件的稻田来说，超级稻分蘖期保持浅水层促进分蘖的出生。

分蘖的出生与秧龄密切相关，秧龄的大小影响分蘖的不同时期和蘖位出生。分析超级稻两优培九不同秧龄移栽的水稻各主茎蘖位分蘖的出生情况表明：30天秧龄，由于移栽的影响，主茎第三、第四、第五蘖位分蘖受到严重的抑制，缺位严重。20天秧龄，主茎第一和第二蘖位分蘖受到一定程度的影响，而主茎第三、第四、第五蘖位的分蘖潜力得到充分发挥（图3-1）。据观察，这3个蘖位的单株分蘖总数占单株总分蘖的50%以上。因此，短秧龄移栽的水稻单株分蘖数多，单株分蘖成穗数高。不管秧龄长短，在正常栽培条件下第六、第七、第八蘖位的分蘖能正常发生和生长。更高蘖位的分蘖出生，随品种的总叶龄数差异而变化。

在不同秧龄条件下水稻不同类型的分蘖出生的数量和时期不同（表3-2）。两优培九20天短秧龄移栽的比30天长秧龄移栽的，各级分蘖数多，其中一级、二级和三级分蘖数分别高10%、163%和195%。20天短秧龄移栽的水稻分蘖的增加主要是因为二级和三级分蘖数的提高。分析不同秧龄移栽的水稻分蘖组成，20天短秧龄移栽的水稻一级和二级的比例分别占74%和40%，30天秧龄移栽的水稻分别占61%和26%。分析不同秧龄水稻不同时期出生的分蘖组成，20天短秧龄移栽的水稻一级分蘖主要在移栽后第二周和第三周出生，而二级和三级分蘖主要在移栽后第四周和第五周出生。30 天秧龄移栽的水稻一级分蘖主要在移栽后第二周和第三周及秧田期间出生，而二级和三级分蘖在移栽后第三周和第四周出生。为使群体形成高效的分蘖，促进低位分蘖，控制高位和三级分蘖的出生，20 天短秧龄移栽的水稻应在移栽后第四周早期开始控制分蘖的出生，而 30 天秧龄移栽的水稻应在移栽后第三周中期开始控制分蘖的出生。

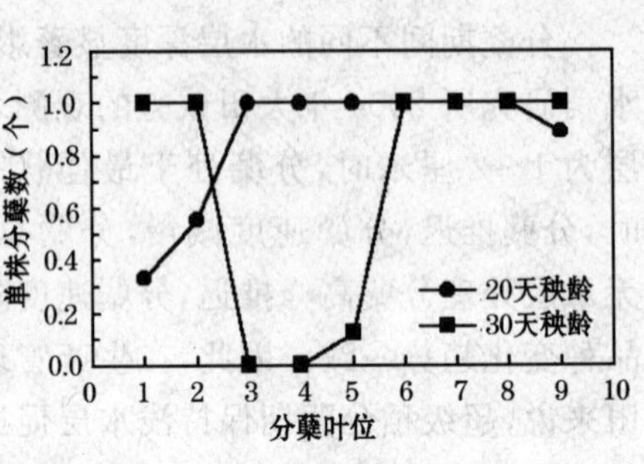

图 3-1　两优培九不同秧龄移栽各分蘖叶位的单株 1 级分蘖数

表 3-2　不同秧龄移栽后不同类型分蘖出生与成穗(两优培九)

秧　龄	分蘖类型	项　目	移栽后的周数						合　计
			1	2	3	4	5	6	
20 天	一　级	单株分蘖数	1.4	2.4	2.0	1.2	0.7	—	7.7
		成穗率	100.0	100.0	94.4	45.5	0.0	—	81.4
	二　级	单株分蘖数	—	1.0	7.0	8.8	3.0	0.7	20.5
		成穗率	—	88.9	92.1	40.5	7.4	16.7	54.9
	三　级	单株分蘖数	—	—	1.1	6.7	3.4	0.9	12.1
		成穗率	—	—	20.0	20.0	6.5	12.5	15.0

续表 3-2

秧龄	分蘖类型	项目	移栽后的周数						合计
			1	2	3	4	5	6	
30天	一级	单株分蘖数	2.5	1.8	1.6	1.0	0.3	—	7.2
		成穗率	80.0	100.0	84.6	37.5	0.0	—	81.4
	二级	单株分蘖数	0.1	3.0	4.5	4.3	0.3	—	12.2
		成穗率	100.0	91.7	58.3	20.6	0.0	—	54.9
	三级	单株分蘖数	—	—	1.9	1.6	0.3	—	3.8
		成穗率	—	—	13.3	7.7	0.0	—	15.0

(四)分蘖成穗

分蘖成穗与分蘖的大小有关,一般分蘖的大小以拔节时分蘖的叶龄作为指标。根据叶蘖同伸关系和叶龄模式,认为在主茎拔节时具有 4 张叶片的分蘖一般可以成穗。因此,有效分蘖终止期即主茎总叶数减去伸长节间数的叶龄期。松岛省三研究认为,有效分蘖终止期大多数在分蘖高峰期前 12~15 天,至分蘖高峰期时,已长成至少 3 片叶以上分蘖可以成穗。分蘖成穗与否由多种因素决定,主茎拔节时具有 3~4 张叶片的分蘖,其成穗也有一定的比例。根据超级稻两优培九拔节期分蘖叶片数与分蘖成穗率观察表明,二者呈正相关(R^2=0.9436)。拔节期分蘖叶龄为 3 叶时,分蘖成穗率为 42%,拔节期分蘖叶龄为 3.5 叶时,分蘖成穗率为 70%;拔节期分蘖叶龄为 4 叶时,分蘖成穗率为 100%(图 3-2)。拔节期分蘖叶龄下降 0.2 叶,分蘖成穗率下降 12 个百分点。在主茎拔节时分蘖叶片数的多少与分蘖成穗率密切相关,因此,须促

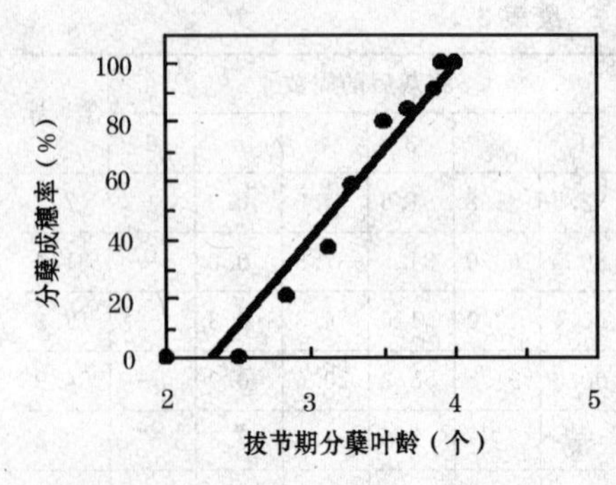

图 3-2　两优培九拔节期分蘖叶片数与分蘖成穗率关系

进早期分蘖的出生。

分蘖成穗与分蘖的出生时期密切相关，两优培九 20 天秧龄移栽的水稻，在栽后 3 周内出生的分蘖成穗率均在 85%以上，而第四周和第五周出生的分蘖成穗率分别下降到 30%和 10%（图 3-3）。30 天秧龄移栽的水稻，在栽后 2 周内出生的分蘖成穗率均在 85%以上，而第三周和第四周出生的分蘖成穗率分别下降到 50%和 20%（图 3-3）。因此，促进分蘖早发是提高分蘖成穗率的关键措施。

连作稻不同栽植密度分蘖的出生和成穗观察表明，主茎、秧田分蘖和移栽后前 10 天分蘖所形成的穗构成 47%～83%总穗数，这些穗总粒数多，其穗产量占单株产量 61%～89%。栽后 11～20 天出生的分蘖成穗率与栽后 20 天的总茎蘖数和最高茎蘖数成负相关，即 20 天后分蘖数的增加会降低分蘖的成穗率。其成穗数占总穗数的 17%～50%，其穗产量占单株产量的 11%～39%。栽后 21～30 天出生的分蘖，成穗率低，穗型小，其穗数仅占总穗数的 0～3%，其产量占单株产量的 0～1%。连作稻有效分蘖期短，在移栽 20 天内应促进分蘖的出生，移栽 20 天后应控制无效分蘖的出生。

分蘖成穗也受到主茎分蘖的叶位和移栽秧龄的影响。20 天秧龄移栽，对第一蘖位的分蘖穗影响很大，其次是第二蘖位的分蘖穗，单株第一蘖位和第二蘖位的平均成穗数仅为 0.3

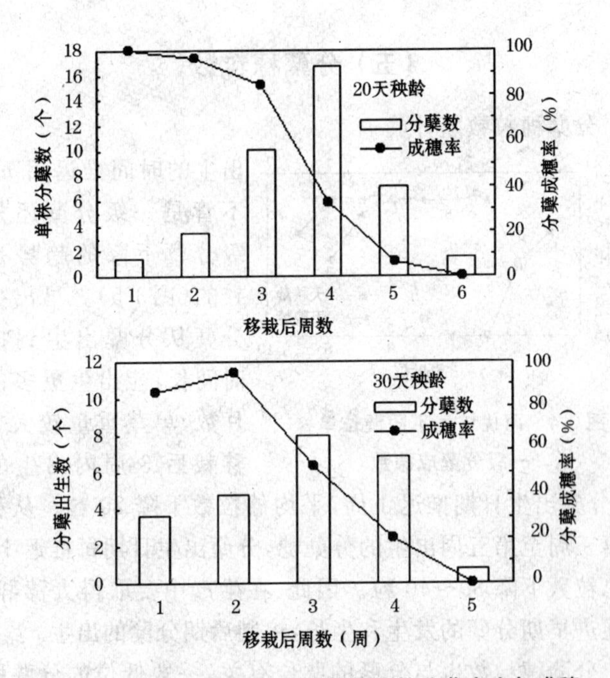

图 3-3　两优培九不同秧龄移栽的植株分蘖出生与成穗

和 0.6 个(图 3-4)。30 天秧龄移栽的水稻，由于秧龄大移栽伤害较大，抑制第三、第四和第五蘖位的分蘖，而第一蘖位和第二蘖位的平均成穗数也下降，第一蘖位和第二蘖位的平均单株成穗数分别为 0.8 和 0.5 个(图 3-4)。

分蘖成穗还与分蘖类型有关，同期出生的不同类型的分蘖成穗率不同。一般从主茎叶位出生的一级分蘖成穗率高于二级分蘖，二级分蘖成穗率高于三级分蘖。因此，提高成穗率需要培育多蘖壮秧、适量密植、促进早期低位分蘖出生和生长，抑制后期高位分蘖的出生，控制总茎蘖数。

(五) 分蘖穗粒数

分蘖穗粒数随分蘖出生的时间推迟而下降，不管是一级分蘖还是二级分蘖下降的趋势是一致的(图3-5)。早出生的分蘖从分蘖出生到抽穗时间长，能出生更多的叶片数，单茎重量较大。在移栽后 3 周内出生的分蘖，分蘖出生日期推迟 1 周，平均穗粒数下降 20 粒。从移栽后第三周至第五周出生的分蘖穗，分蘖出生日期每推迟 1 周，穗总粒数下降 30～40 粒。因此，在生产中要取得大穗群体，须促进早期分蘖的发生和生长，控制后期分蘖的出生。

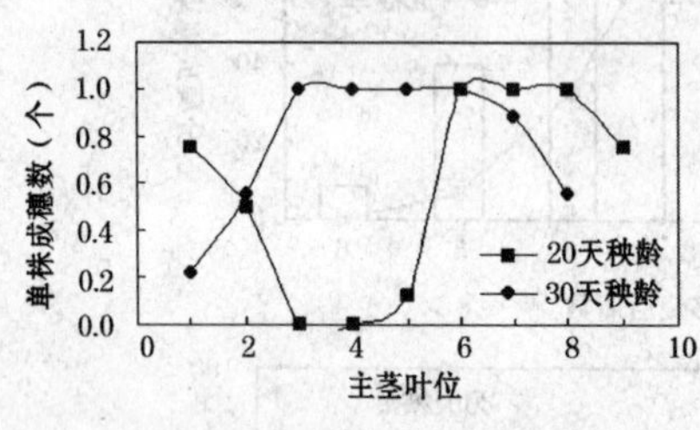

图 3-4　两优培九不同蘖位单株一级分蘖成穗数

分蘖穗粒数也与分蘖的蘖位有关，一般低位的分蘖穗总粒数较多，而随蘖位提高分蘖穗总粒数下降。同一蘖位的一级分蘖穗总粒数比二级分蘖穗总粒数多(图 3-6)。不同蘖位分蘖穗总粒数也受到移栽秧龄的影响，如 30 天秧龄移栽的水稻，第五蘖位的分蘖穗总粒数低于更高蘖位分蘖穗的总粒数，这主要是由于移栽抑制了分蘖的生长(图 3-6)。

二、根系生长

(一)根系生长量大

超级稻协优 9308 和两优培九与对照汕优 63 的单丛根系

重量、密度和平均根系深度研究表明，两优培九和协优 9308 比对照汕优 63 的单丛根系平均重量和密度提高 15%和 47%，根系平均深度分别降低 5%和提高 22%(表 3-3)。超级稻地上部分生长较旺，表现为植株较高，生物

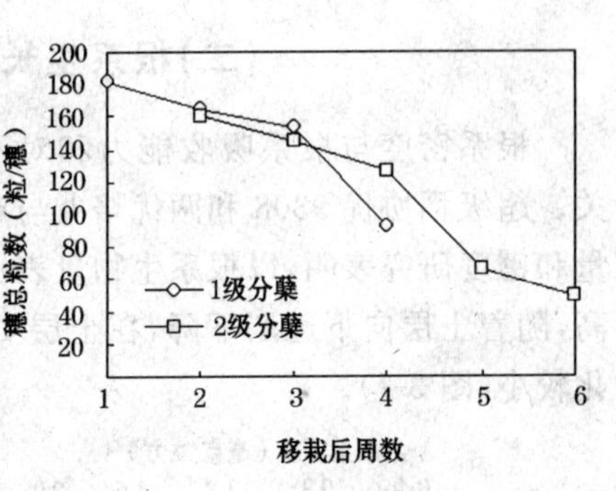

图 3-5　两优培九分蘖穗粒数(20 天秧龄)

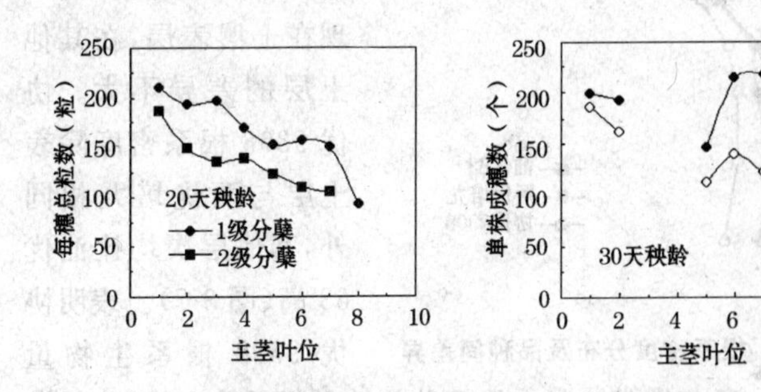

图 3-6　两优培九不同蘖位分蘖穗粒数

量大。与地上部生长量大相适应，超级稻根系生长量较大。

表 3-3　不同品种和密度处理根系重量、密度和根系平均深度

品　种	根重(克/丛)	根系密度 (毫克/立方厘米)	平均深度(厘米)
汕优 63	12.72(100)	0.90(100)	13.90(100)
两优培九	14.68(115)	1.04(115)	13.20(95)
协优 9308	18.81(147)	1.33(147)	16.90(122)

(二)根系生长深

根系密度与根系吸收能力和对不良环境的耐性密切相关。超级稻协优 9308 和两优培九与对照汕优 63 的根系生物量和密度研究表明,以根系生物量表示的根系密度,表层为最高,随着土层向下逐渐下降,在土层 15 厘米以下根系密度变化较小(图 3-7)。

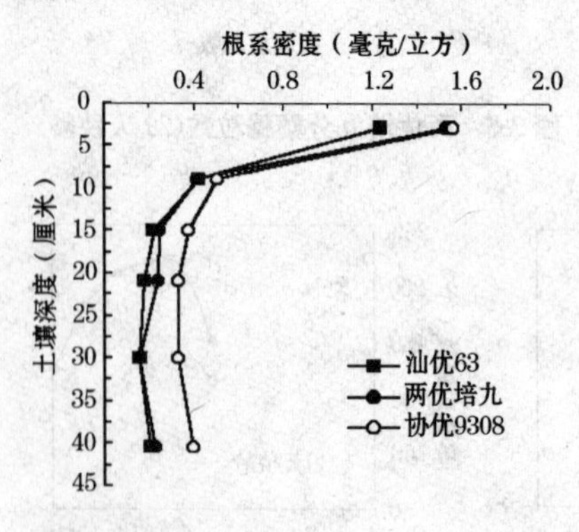

图 3-7 根系密度分布及品种间差异

两优培九和汕优 63 的根系密度或根系生物量的差异主要表现在土壤表层,在其他土层的差异不大。协优 9308 根系密度除表土层与两优培九相同外,其他层次均比汕优 63 高(图 3-7)。表明协优 9308 根系生物量大,且在土壤中分布较深。从品种特性和根系分布推断,后期不早衰,叶片功能期长;可能是由于后期根系活力吸收面广、吸收能力强和根系对肥水等环境胁迫的缓冲能力强。协优 9308 根系生长的特性在肥料运筹上值得利用,当前协优 9308 生产中也反映出中后期应适当控制氮肥用量,其原因可能与其后期根系吸收面大、吸收能力强有关。

通过不同时期距土面 15 厘米深切断根系,研究根系对穗部性状及单穗产量的影响(表 3-4)。穗分化期切根使每穗总粒数显著降低,但开花期切根对穗粒数没有显著影响。开花期切根显著降低结实率,而穗分化期切根对结实率的影响较小。

不同时期切根使粒重有所下降,但下降幅度较小,这可能是由于总粒数和结实率下降的调节所致。穗分化期切根对产量影响大于开花期,切根对穗型较大的超级稻两优培九的影响要大于穗型较小的汕优 63。表明根系在不同时期对穗粒数形成和籽粒结实率的提高有重要作用,特别是超级稻大穗型组合。

表 3-4 不同时期切根对水稻品种穗部性状和产量的影响

品种	处理	每穗总粒数		结实率		每穗实粒数		穗粒重	
		粒数	相对值(%)	结实率(%)	相对值(%)	粒数	相对值(%)	粒重(克)	相对值(%)
两优培九	对照处理	340	100	79.3	100	270.0	100	6.51	100
	穗分化	250	74	72.2	91	180.8	67	4.22	65
	开　花	334	98	62.1	78	207.5	77	4.78	73
汕优 63	对照处理	262	100	81.5	100	214.0	100	5.64	100
	穗分化	207	79	85.4	105	177.2	83	4.64	82
	开　花	269	103	69.7	86	187.8	88	4.88	87

(三)根系活力强

水稻根系活力与颖花结实率相关,国稻 6 号和Ⅱ优 7954 在淹水条件下以伤流量表示的根系活力低,两个组合的结实率仅 66%～67%。在采用干干湿湿好气灌溉,根系活力提高,两个组合的颖花结实率达到 71%(图 3-8)。这表明超级稻可通过改善土壤通气状况,可提高根系活力,进而提高颖花结实率。

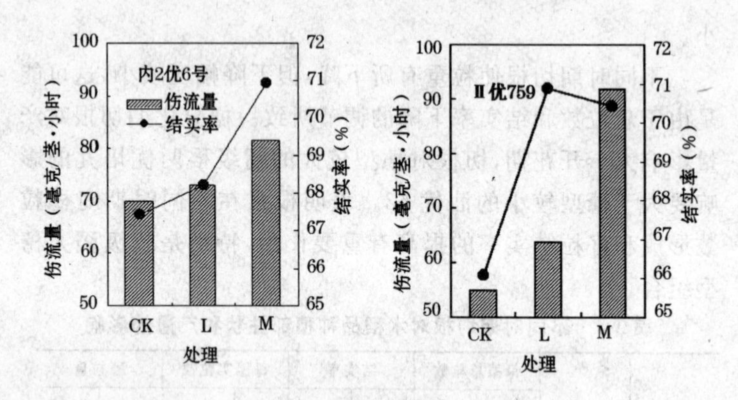

图 3-8 开花期根系伤流强度与结实率的关系

三、冠层叶片和光合特性

(一)叶片挺直

叶片角度在不同组合间存在较大差异，差异的程度与花后天数和叶位有关。开花时剑叶角度在组合间差异较小，倒2叶和倒3叶角度差异较大，叶片卷曲程度低的组合具有较大的叶片角度。开花期超级稻组合协优9308和两优培九倒1叶、倒2叶和倒3叶平均角度分别为11.3°、19.75°、27.8°，而汕优63分别为13.2°、31.7°、50.6°。超级稻组合倒2叶和倒3叶角度分别比汕优63小12°和22.8°。表明开花期倒1叶角度差异较小，而倒2叶和倒3叶角差异较大。开花后20天超级稻组合协优9308和两优培九倒1叶、倒2叶和倒3叶平均角度分别为16.6°、21.65°、31.05°，而汕优63分别为33.6°、46.8°和53.4°。超级稻组合倒1叶、倒2叶和倒3叶角度分别比汕优63小17°、25.2°和22.4°(图3-9)。

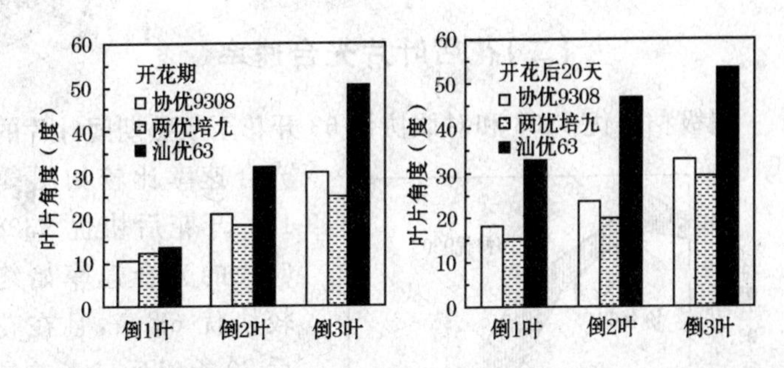

图 3-9 超级稻协优 9308 和两优培九与对照汕优 63 叶片角度比较

叶片角度较小，叶片挺直的组合中、后期群体透光性好，群体光合作用高，物质生产量大。

超级稻组合协优 9308 和两优培九与汕优 63 相比，还表现为上部倒 1 叶、倒 2 叶和倒 3 叶 3 张叶片较长，叶面积较大(表 3-5)。上部 3 张叶片较挺直，且叶面积较大，对中后期群体光合生产和物质积累具有重要作用。水稻产量高低主要由开花后物质生产量高低决定，适当提高上部 3 张叶片的面积，可以为高产创造物质条件。

表 3-5 超级稻协优 9308 和两优培九与对照汕优 63 植株上部叶片特性的比较

组　合	叶片长度(厘米)			叶片面积(平方厘米)		
	倒 1 叶	倒 2 叶	倒 3 叶	倒 1 叶	倒 2 叶	倒 3 叶
协优 9308	39.7	55.2	69.1	53.9	74.0	84.5
两优培九	36.4	52.2	63.9	53.5	71.6	77.6
汕优 63	31.7	50.1	59.0	45.5	69.4	75.0

（二）花后叶片光合速率

超级稻协优 9308 和对照协优 63 开花至成熟期间叶片的光合速率比较如图 3-10。开花后协优 9308 叶片的光合速率始终较协优 63 高，且在花后 20 天以后二者差异增大。在花后 20 天内二者光合速率的下降程度相近，但花后 20 天以后，协优 9308 叶片光合速率下降较协优 63 慢。超级稻协优 9308 花后叶片光合速率的下降慢，光合强度大，光合功能期长。超级稻协优 9308 花后叶片光合特性与其根系生长量大、深有关。光合强度大，光合功能期长，可增加水稻花后物质生产量，为高产奠定了基础。

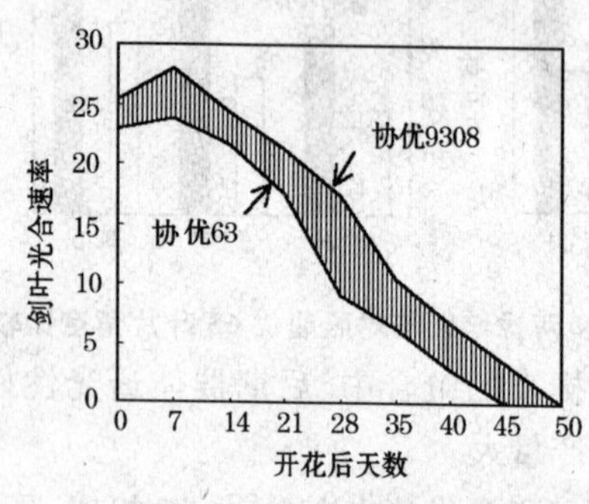

图 3-10　协优 9308 与协优 63 花后剑叶光合速率差异

（三）花后叶面积与物质生产

叶面积指数是作物群体总绿叶面积与其占地面积的比值，即作物群体总绿叶面积/作物群体占地面积。协优 9308 开花期叶面积指数稍高于协优 63，且协优 9308 开花后绿叶面积指数下降相对较协优 63 慢，协优 9308 开花花后 50 天叶面积指数为 2.5。而协优 63 花后叶面积指数下降快，花后 40 天时约为 1.2。表明协优 9308 花后冠层有较高的光合能力（图 3-11）。

协优 9308 开花期物质生产量略高于协优 63。随花后天数增加，协优9308物质生产量逐渐比协优63提高，二者差异增大（图3-11）。花后物质生产量主要用于产量的形成，协优9308产量较协优63高的主要原因是花后物质生产量大。

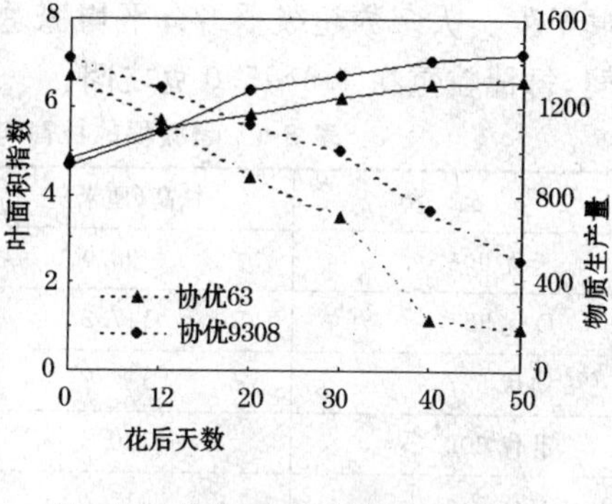

图3-11　协优9308和协优63花后叶面积和物质生产量变化

研究表明多数超级稻品种和组合主要依靠上部叶片挺直，提高群体透光率等株型结构的改善，提高生物学产量；部分通过单叶和群体光合特性的改善，增加生物学产量。

四、产量形成特点

(一)穗大穗重

根据我国南方稻区品种区试表现(表3-6)，参试的超级稻品种在株高较对照略有提高，比对照平均增高3.27%。超级稻的穗总粒数在136.5～167.2粒之间，平均为153.8粒，比对照品种平均穗总粒数135.7粒，提高13%。超级稻品种和组合表现大穗特性。

超级稻的大穗重穗优势在高产栽培条件下表现更为明显。由于超级稻生长量大，在高产栽培时，一般密度较品种区试低，并通过培养壮秧、好气灌溉和早施分蘖肥等措施促进分蘖早发。大多数超级稻组合平均穗总粒数在170～200粒之间，每穗粒重在4.5～5.0克之间。

表3-6　超级稻的株高与穗粒数

品　种	株高(厘米)	总粒数(粒/穗)
天优998	98.0	136.5(101)
D优527	117.2	151.8(112)
协优527	112.7	136.1(100)
Ⅱ优602	110.6	150.5(111)
Ⅱ优084	118.6	161.5(119)
国稻1号	107.8	142.0(105)
中浙优1号	120.6	147.8(109)
Ⅱ优明86	118.2	163.6(121)
Ⅱ优航1号	117.7	167.2(123)
特优航1号	110.2	148.7(110)
Ⅱ优7954	118.9	174.1(128)
两优培九	112.6	165.3(122)
超级稻平均	113.6	153.8(113)
对照平均	111.4	135.7(100)

注：表中的数据为多年区试的平均数

多数超级稻组合的研究表明，成熟期单茎重量与穗总粒数呈显著正相关(图3-12)。因此，在生产上应提高单茎生物学产量。研究还表明，穗总粒数与2次枝梗数呈显著正相关(图3-13)，而与1次枝梗数关系不太大。在穗肥施用中，应在条件允许的情况下，重点促进2次枝梗数的提高。

超级稻协优9308组合茎秆粗度与每穗颖花数的关系(表3-7)。随着每穗颖花数的增加，基部茎秆直径和穗茎节直径增粗，基部维管束数和穗茎节维管束数增加。要达到每穗

200 粒颖花的要求，茎秆基部直径需达到 7.57 毫米。说明促进壮秆的形成能提高每穗颖花数，增大穗型。早发是壮秆形成的基础，早发分蘖的分蘖节位低，有足量的根系和光合叶面积，一般都能

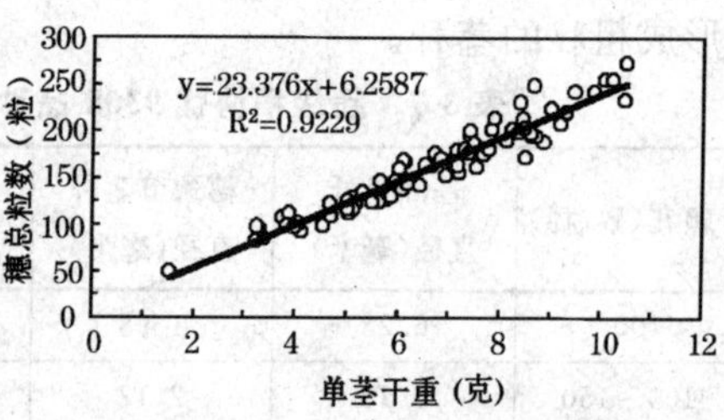

图 3-12　协优 9308 单茎生物学产量与穗总粒数的关系

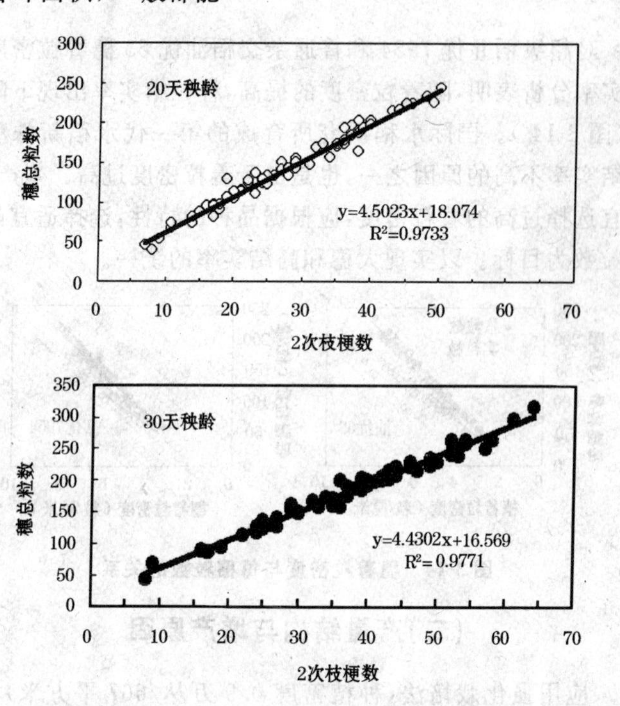

图 3-13　两优培九穗总粒数与 2 次枝梗数的关系

形成粗壮的茎秆。

表 3-7　超级稻协优 9308 品种茎秆粗度特性

颖花(数/穗)	基部茎秆直径(毫米)	穗颈节茎秆直径(毫米)	基部维管束数(个)	穗茎节维管束数(个)
<100	6.28	1.98	62.0	24.67
100～150	6.78	2.17	65.5	25.70
150～200	7.29	2.46	65.5	28.57
>200	7.57	2.66	71.78	31.33

对超级稻Ⅱ优 7954 和普通杂交稻汕优 63 穗着粒密度与结实率分析表明，随着粒密度的提高，籽粒结实率出现下降现象(图 3-14)。国际水稻研究所育成的第一代水稻新株型品系结实率不高的原因之一，也是由于着粒密度过高。生产中，不宜选择过高的着粒密度，应根据品种的特性，选择适宜的穗总粒数为目标。以实现大穗和高结实率的统一。

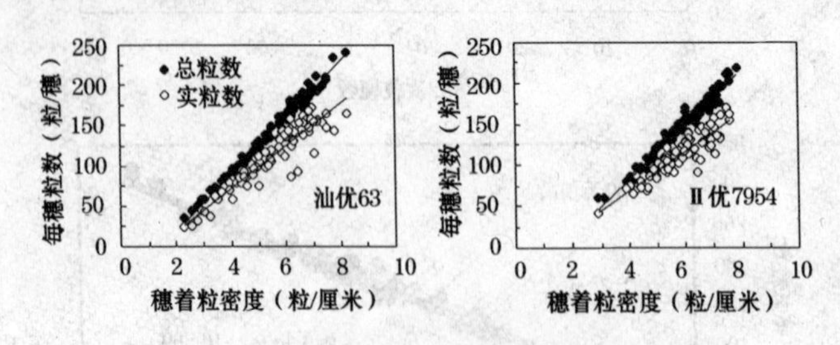

图 3-14　穗着粒密度与每穗粒数的关系

(二)产量结构与增产原因

应用强化栽培法(种植密度 0.9 万丛/667 平方米)两优培九和Ⅱ优 7954 产量达每公顷 7.95 吨和 8.17 吨，较常规栽培分别增产6.9%和4.6%。超级稻获取高产的关键在于充分发挥植株个体分蘖优势,通过获得大穗多粒夺取高产。

据2000年新昌示范方超级稻协优9308和对照协优63产量结构调查表明,在密度基本一致和肥水田间基本相同的条件下,与对照组合协优63相比,协优9308每667平方米穗数少0.9万,千粒重小2.8克,但每穗粒数增加61粒,提高52.4%。协优9308比对照协优63增产的主要原因是在较高穗数的基础上,保持较大的穗型和较高的结实率,平均每667平方米产量为789.2千克,比协优63提高17.5%(表3-8)。

表3-8 2000年新昌协优9308示范方结构产量比较

田 块	有效穗(万/667平方米)	总粒(粒/穗)	结实率(%)	千粒重(克)	单穗粒重(克)	产量(千克/667平方米)
协优9308	18.1	177.4	91.6	27.5	4.5	768.9
协优63	19.0	116.4	91.9	30.3	3.2	654.6

第四章　超级稻病虫草综合治理

一、超级稻病害的发生与防治

(一)稻 瘟 病

水稻稻瘟病[*Magnaporthe grisea*（*Pyricularia oryzae*)]的病原菌属半知菌亚门，梨孢霉属真菌。分有性世代和无性世代。

1. 危害损失　稻瘟病，又名稻热病、火烧瘟、叩头瘟。为世界性水稻真菌病害，也是我国稻作区危害最严重的水稻病害之一，该病一般造成减产 10%～20%，重的可达 40%～50%，甚至颗粒无收。稻瘟病与纹枯病、白叶枯病并称水稻 3 大病害。一般山区重于平原，品种间对稻瘟病抗性差异明显。主要为害叶片、茎秆、穗部，根据为害的时期和部位不同，可分为苗瘟、叶瘟、节瘟、穗颈瘟和谷粒瘟。

2. 症状识别　水稻生长期间，植株各部位均会受到侵染发病。根据其发病部位可分以下几种（彩图 4、5、6）。

(1)苗瘟　秧苗在 3 叶期前发病，主要由种子带菌所引起，3 叶期前病苗基部灰黑色枯死，无明显病斑。3 叶期后病苗叶片病斑呈短纺锤形、棱形或不规则小斑，灰绿色或褐色，湿度大时病斑上产生青灰色霉层，严重时成片枯死。北方稻区多不发生苗瘟。

(2)叶瘟　在秧苗 3 叶期后至穗期均可发生，分蘖盛期发病较多。初期病斑为水渍状褐点。以后病斑逐步扩大，最终造成叶片枯死。根据病斑形状、大小和色泽的不同，分为4种类型：普通型（慢性型）病斑、急性型病斑、白点型病斑和褐点型病斑。

（3）节瘟、叶枕瘟　初在稻节上产生褐色小点，后围绕节部扩展，使整个节部变黑腐烂，干燥时病部易横裂折断，早期发病可造成白穗。叶枕瘟发生在叶片基部的叶耳、叶环和叶舌上。初期病斑灰绿色，后呈灰白色或褐色，潮湿时长出灰绿色霉层，可引起病叶枯死和穗颈瘟。

（4）穗颈瘟、枝梗瘟　发生在穗颈部和小穗枝梗上。病斑初期为暗褐色，后变黑褐色。在高湿下，病斑产生青灰色霉层。发病早的形成白穗，发病迟者，籽粒不饱满，空秕谷增加，千粒重下降，米质差，碎米率高。

（5）谷粒瘟　发生在谷粒的内外颖上。发病早的病斑呈椭圆形，灰白色，随稻谷成熟，病斑不明显；发病迟的病斑为褐色，椭圆形或不规则形。

3. 发生条件

（1）病害循环、越冬与初侵染源　病菌主要以菌丝体或分生孢子在病谷、病稻草上越冬，成为第二年的初侵染源。

（2）发病条件　第二年当气温回升到20℃左右时，遇降雨便可产生大量分生孢子。分生孢子可借气流、雨滴、流水和昆虫等传播。孢子到达稻株，在有水和适温条件下，萌发形成附着孢，产生菌丝，侵入寄主，摄取养分，迅速繁殖，产生病斑。在适宜的温、湿度条件下，产生新的分生孢子，进行再侵染，造成病害逐步扩展蔓延。稻瘟病的流行是病原菌小种和水稻群体在气候条件和栽培因素影响下相互作用的结果。

4. 防治时期及方法 稻瘟病宜采取抗性品种、农业和耕作措施与化学防治相结合的综合防治方法。

选育和合理利用适合当地种植的抗病品种，注意品种合理配搭与适期更替；加强对病菌小种及品种抗性变化动态监测；无病田留种，处理病稻草，消灭菌源，实行种子消毒；抓好以肥水为中心的栽培防病，提高植株抵抗力，做到施足基肥，早施追肥，中期适当控氮抑苗，后期看苗补肥；用水要贯彻“前浅、中晒、后湿润”的原则；加强测报及时喷药控病，化学药剂防治稻瘟病应根据不同发病时期采用不同的方法，选择不同的药剂及时、准确用药进行防治。

以下是几种化学防治的药剂及其使用方法：

(1) 浸种、浸秧 分别在播种前处理水稻种子和插秧前处理秧苗。

① 用70%抗生素“402”液剂2 000倍液，每50升药液浸种30～35千克稻种，浸48小时，捞出洗净药液，催芽、播种。②用40%异稻瘟净乳剂500倍液浸种20小时，用清水冲洗净后，催芽、播种。③ 用40%克瘟散1 000倍液浸种48小时，用清水冲洗净后，捞出催芽、播种。④用45%扑霉灵3 000倍液浸种48小时，捞出洗净药液后催芽、播种。⑤用50%多菌灵可湿性粉剂500倍液(即200克药加清水100升搅匀)，浸种60～70千克，浸48小时，浸后捞出催芽、播种。⑥用17%菌虫清400倍液，浸种60小时，捞出用清水冲洗净后，催芽、播种。⑦秧苗移栽时，先洗净秧苗根部泥土，在40%三环唑可湿性粉剂700倍液中浸秧1～2分钟，然后堆置30分钟再插秧，可预防稻瘟病的发生。

(2) 防治水稻苗瘟、叶瘟 主要抓住发病初期用药。本田从分蘖期开始，如发现发病中心或叶片上有急性病斑，即应用药防治。

① 早晚稻秧床作“面药”，每667平方米用40%三环唑可湿性粉剂40克，对水40升；或每667平方米用20%三环唑可湿性粉剂50克，先用少量水将药粉调成浓浆，对水30升，均匀浇泼在秧床上，或喷雾在床面上，耥平床面，使药液和泥浆匀和，然后播种。② 在秧苗3～4叶期或移栽前5天，每667平方米用20%三环唑可湿性粉剂75克，加水50升均匀喷雾。③ 每667平方米用20%三环唑可湿性粉剂100克，加水60升喷雾。④每667平方米用40%稻瘟灵(富士1号)乳油100毫升，加水60升喷雾；或每667平方米用40%稻瘟灵可湿性粉剂100克，加水60升均匀喷雾。⑤ 每667平方米用45%瘟特灵胶悬剂100～150毫升，加水60升喷雾。⑥ 每667平方米用40%灭病威胶悬剂200克，加水60升喷雾。⑦ 每667平方米用40%异稻瘟净乳油150～200毫升，加水50～60升喷雾。⑧ 每667平方米用60%防霉宝可湿性粉剂60克，加水50升喷雾。⑨ 每667平方米用21.2%加收必可湿性粉剂100克，加水60～75升喷雾。

(3) 防治稻叶枕瘟、穗颈瘟和节瘟　叶枕瘟、穗瘟和节瘟对产量影响较大，穗瘟要着重在抽穗期进行保护，特别是在孕穗期(破口期)和齐穗期是适宜防治期。感病品种、稻苗嫩绿、施氮过多，往年发病较重的田块用药2～3次，每次间隔10天左右。

① 在水稻破口初期，每667平方米用20%三环唑可湿性粉剂100克；或每667平方米用75%三环唑可湿性粉剂30克，加水60升喷雾。如果病情严重，同时气候又有利于病害发展，在齐穗时再喷1次药，药量同第一次，效果更好。② 每667平方米用40%稻瘟灵乳油100毫升加水60～75升；或每

667平方米用40%稻瘟灵可湿性粉剂100克，加水60～75升，在水稻破口期和齐穗期各喷雾1次。③ 每667平方米用21.2%加收热必可湿性粉剂100克，先用少量水将药粉调成糊状，再加水50升搅拌均匀，在水稻破口期和齐穗期各喷药1次。④ 每667平方米用45%瘟特灵胶悬剂100～150毫升，加水60升在水稻破口期、齐穗期和孕穗期喷雾。⑤ 每667平方米用50%稻瘟酞可湿性粉剂100～125克，加水75升，于抽穗前3～5天(破口期)喷药1次；或加8升水低溶量喷雾；视病情隔7天左右，在齐穗期再喷药1次。⑥ 每667平方米用40%克瘟散乳剂75～100毫升，加水75～100升均匀喷雾，在水稻抽穗达10%时喷第一次药，齐穗时再喷第二次药，能收到良好的防治效果。⑦ 每667平方米用2%加收热必100毫升，加水50升在破口期(或始病期)和齐穗期各喷药1次。在上述药剂中加入2%中性洗衣粉有增效作用。

(二)纹枯病

水稻纹枯病(*Rhizocotonia solani*，*Thanatephorus cucumeris*)的病菌分为有性态和无性态，有性态为担子菌亚门亡革菌属瓜亡革菌。无性态属半知菌亚门，丝核属真菌茄丝核菌。菌丝初期无色，后变淡褐色，分枝近直角，分枝处稍溢缩，近分枝处有一隔膜。该菌不产生分生孢子，易产生菌核，菌核黄褐色，扁球状或不规则形。

1. 危害损失 水稻纹枯病是我国稻区的主要病害之一，全国凡种植水稻的地方均有发生。目前不论是发生面积、发生频率和造成的产量损失等均居各病害之首。该病主要为害水稻叶鞘和叶片，严重时也为害茎秆和穗部，一般受害轻的减产5%～10%，重者可达50%～70%。如前期严重受害，造成

“倒塘或串顶”,可能颗粒无收。随着水稻生产上种植密度的增加,施肥水平提高,特别是由于抗原的缺乏,致使该病有逐年加重的趋势。

2. 症状识别 纹枯病,又名云纹病、花脚秆,属真菌病害。叶鞘发病先在近水面处出现水渍状暗绿色小点,逐渐扩大后呈椭圆形或云形病斑,叶片病斑与叶鞘病斑相似。叶片发病严重时,叶片早枯,可导致稻株不能正常抽穗,即使抽穗,病斑蔓延至穗部,造成瘪谷增加,粒重下降,并可造成倒伏或整株枯死,有时造成“串顶”。湿度大时,病部长有白色蛛丝状菌丝及扁球形或不规则形的暗褐色菌核,菌核以少量菌丝联结于病部表面,容易脱落。高温、高湿最有利于该病的发生、发展,造成危害(彩图 7、8、9)。

3. 发生条件 病菌主要以菌核在土壤中越冬,也能以菌丝体在植株病残体上或在田间杂草等其他寄主上越冬。第二年春灌时菌核飘浮于水面与其他杂物混在一起,插秧后菌核粘附于稻株近水面的叶鞘上,条件适宜时生出菌丝侵入叶鞘组织为害,气生菌丝又侵染邻近植株。水稻拔节期病情开始激增,病害向横向、纵向扩展,抽穗前以叶鞘为害为主,抽穗后向叶片、穗颈部扩展。早期落入水中的菌核也可引发稻株再侵染,早稻菌核是晚稻纹枯病的主要侵染源。水稻纹枯病的发生和流行受菌源数量、气候条件、品种抗性和栽培技术等因素的综合影响。

4. 侵染循环及测报

(1)病菌主要以菌核在土壤中越冬 也能以菌丝体和菌核在病稻草和其他寄主残体上越冬。

(2)菌核在适温、高湿条件下 萌发长出菌丝,在叶鞘上延伸并从叶鞘缝隙进入叶鞘内侧,先形成附着胞,通过气孔或直接穿破表皮侵入。潜育期少则 1～3 天，多则 3～5 天。一般在分蘖盛期至孕穗期，主要在株、丛间横向扩展（水平扩展），导致病株（丛）率增加。

（3）*孕穗后期至蜡熟前期* 病部由稻株下部向上部蔓延（垂直扩展），病情严重度增加。病部形成的菌核脱落后，也可随水流飘浮附着于稻株基部，萌发后进行再侵染。

5. 防治时期及方法 纹枯病适宜防治时期为分蘖末期至抽穗期，以孕穗至始穗期防治效果最好。一般分蘖末期丛发病率达 5%～10%，孕穗期达 10%～15%时，应用药剂防治。高温高湿天气要连续防治 2～3 次，每次间隔 7～10 天。通过选用抗（耐）病品种。打捞菌核，减少菌源。加强栽培管理，施足基肥，早施追肥，不可偏施、迟施氮肥，增施磷、钾肥，采用配方施肥技术，使水稻前期不披叶，中期不徒长，后期不贪青。化学药剂防治，在分蘖期和孕穗期达到需要防治的指标即要用药防治，气候及苗情有利于病害发生、流行的要连续施药 2～3 次。以下是防治纹枯病可供选择的药剂及用量。

① 每 667 平方米用 5%井冈霉素水剂 100 毫升，加水 50 升喷雾；或每 667 平方米用 5%井冈霉素水剂 100 毫升，加水 250 升泼浇；或每 667 平方米用 0.33%井冈霉素粉剂 1 500 克，用东方红-18 型机喷粉；或每 667 平方米用 5%井冈霉素水剂 100 毫升，加水 2 升，加干细土 20 千克，拌和制成毒土撒施在稻基部。选以上任何一种方法，在水稻分蘖后期至孕穗期，用药 1～2 次，不但能有效地防治水稻纹枯病，而且对水稻有促进生长作用，从而增加产量。② 水稻幼穗形成之前，每 667 平方米用 20%稻脚青可湿性粉剂 75 克，加水 75 升喷雾；再在水稻孕穗期每 667 平方米用 5%井冈霉素水剂 100 毫升，加水 50 升喷雾，两次用药后可有效防治纹枯病。③ 每

667 平方米用 25%粉锈宁(三唑酮)可湿性粉剂 50 克,加水 50 升,在水稻分蘖末期丛发病率达 5%～10%,孕穗期丛发病率达 10%～15%时喷药。④ 每 667 平方米用 75%纹枯灵悬浮剂 50 毫升,先用少量温水将药液调匀,然后加 50 升水,在纹枯病横向发病期喷于稻株基部,病重时在第一次用药后 20 天再喷施 1 次。⑤ 每 667 平方米用 10%保丰灵液剂 250 毫升对水 50 升,在水稻纹枯病病蔸率达到 30%时喷雾。⑥ 水稻分蘖末期至圆秆拔节期,纹枯病丛发病率达 5%～10%,孕穗期丛发病率达 10%～15%时,每 667 平方米用 2%多抗霉素 5 克,加水 50 升在水稻中下部喷雾。⑦ 水稻分蘖末期至圆秆拔节期,纹枯病丛发病率达 5%～10%,孕穗期丛发病率达 10%～15%时,每 667 平方米用 40%灭病威胶悬剂 200 克,加水 75 升喷雾。⑧ 在水稻分蘖末期至圆秆拔节期纹枯病病蔸率达 20%,孕穗期至抽穗期病蔸率达 25%～30%时,每 667 平方米每次用 25%禾穗宁可湿性粉剂 50～70 克,对水 75 升喷雾,在纹枯病初发生时喷第一次药,20 天后再喷第二次,用药量同第一次。⑨ 每 667 平方米用 20%望佳多可湿性粉剂 100～125 克,对水 75 升,在纹枯病开始发病,病丛率达到 15%时喷第一次药,视病情发展,隔 15～20 天后再用 1 次药,药量同第一次。

(三)恶苗病

水稻恶苗病是真菌引起的从苗期到成株期均可发生的病害,恶苗病菌有性世代为[*Gibberella fujikuroi* (*Sawada*) Wollenw]和无性世代[*Fusarium moniliforme* Sheld]两种,病原菌属子囊菌亚门赤霉属真菌。恶苗病菌丝生长最适温度为 25℃～30℃,分生孢子在 25℃的水滴中,经 5～6 小时即可萌发，子囊壳形成最适温度为26℃，子囊孢子在25℃～26℃时，经5小时大多可萌发。病菌侵染寄主以35℃最适，在31℃时，诱发稻株徒长最明显。

1. 危害损失 水稻恶苗病，又称“徒长病”、“白秆病”，在我国南方和东南亚一些国家还有“公稻”的俗称。恶苗病是一种世界性病害，广泛分布于世界各水稻产区；在我国则以广东、广西、湖南、江西、云南、辽宁、陕西和黑龙江等省、自治区发生较多。一般损失20%，有的地区甚至高达40%～50%。过去此病在我国发生、危害严重，随着种子处理技术的推广，此病已基本得到控制。但近几年因各种原因，恶苗病在东北、西北、华中等地区稻区又有回升。

2. 症状识别 水稻从秧苗期到抽穗期均可发病。苗期发病与种子带菌有直接关系。感病重的稻种多不发芽或发芽后不久即死亡；轻病种子发芽后，植株细长，叶狭窄，根少，全株淡黄绿色，一般高出健苗1/3左右，部分病苗移栽前后死亡。枯死苗上有淡红色或白色霉状物，本田内病株表现为拔节早，节间长，茎秆细高，少分蘖，节部弯曲变褐，有不定根，剖开病茎，内有白色丝状菌丝。病株下叶发黄，上部叶片张开角度大，地上部茎节上长出倒生根，病株不抽穗。枯死病株在潮湿条件下表面长满淡红色或白色粉霉。轻病株可抽穗，穗短而小，籽粒不饱满。稻粒感病，严重者变褐不饱满，或在颖壳上产生红色霉层，轻病者仅谷粒基部或尖端变褐，外观正常，但携带病菌。

3. 发生条件 该病主要以菌丝和分生孢子在种子内外越冬，其次是带菌稻草。病菌在干燥条件下可存活2～3年，而在潮湿的土面或土中存活极少。病谷所长出的幼苗均为感病株，重者枯死，轻者病菌在植株体内半系统扩展（不扩展到花器)，刺激植株徒长。在田间病株产生分生孢子，经风雨传播，从伤口侵入引起再侵染。抽穗扬花期，分生孢子传播至花器上，导致种子带菌。

此病为高温病害。当地温在 30℃～35℃时，适宜幼苗发病。地温在 25℃以下，植株感病后，不表现症状。移栽时，高温或中午阳光猛烈，发病多。伤口是病菌侵染的重要途径，种子受机械损伤或秧苗根部受伤，多易发病。一般旱秧比水秧发病重。中午移栽比早晚或雨天移栽发病多；增施氮肥有刺激病害发展的作用。此病无免疫品种，但品种间抗病性有差异。

4. 防治时期及方法 稻恶苗病主要出现在秧苗期和分蘖后期。由于此病的最主要初侵染源是带菌种子。因此，建立无病留种田，和进行种子处理是防治此病的关键。稻种在消毒处理前，最好先晒种 1～3 天，这样可促进种子发芽和病菌萌动，以利于杀菌，以后用风、筛、簸、泥水和盐水选种，然后消毒。通过建立无病留种田，在发病普遍的地区可改换种植无病品种，并选用健壮种谷，剔除秕谷和受伤种子。改进栽培管理技术，播种前催芽不能太长，以免下种时易受创伤，导致病原菌的侵入。培育壮秧，拔秧时应尽量避免秧根损伤太重，并尽量避免在高温和中午插秧，以减轻发病。在拔秧和插秧时要做到五不要：不要在烈日下插秧；不要在冷水中浸秧，不要插隔夜秧；不要插老龄秧；不要插深泥秧。①及时拔除病株，无论在秧田或本田中发现病株，应结合田间管理及时拔除，并集中晒干烧毁。②处理病稻草，收获后的病稻草应尽量用作燃料或沤制肥料。不要用病稻草作为种子消毒或催芽时的投送物或捆秧把。③种子处理，该病只要种子处理得好，是可以得到有效控制的。

种子处理的几种主要药剂和方法。

①用40%线菌清600倍液(即每包15克可湿性粉剂,加水9升,浸稻种6千克),浸种24~36小时,捞出用清水冲洗净后,催芽,播种。② 用35%恶苗灵400倍液浸种48小时,捞出用清水冲洗净后,催芽、播种。③用50%溴硝醇1 000倍液浸种72小时,捞出催芽、播种。④用40%拌种双可湿性粉剂拌种,用量为种子的0.2%,先用少量水湿润种子,然后边加拌种双可湿性粉剂边拌匀,堆闷6小时后催芽播种。⑤ 用10%浸种灵(TH-88)乳油5 000倍液浸种24小时,催芽后播种。⑥ 用25%施保克乳油,水秧用3 000倍液,旱秧用2 000倍液,浸种72小时,捞出不清洗,直接催芽播种。⑦ 用17%菌虫清400倍液浸种60小时,捞出用清水冲洗净后催芽、播种。用45%扑霉灵3 000倍液浸种48小时,直接催芽播种。⑧ 拌种可用60%特克多可湿性粉剂300~500克(有效成分为180~300克),拌稻种100千克;浸种用60%特克多可湿性粉剂,加水配成600倍药液即可。两种方法对防治水稻恶苗病都有效。

(四)稻曲病

水稻稻曲病[*Ustilaginoidea virens* (Cke)Tak]的曲病菌属半知菌亚门绿核菌属真菌。厚垣孢子侧生于菌丝上,球形或椭圆形,黄褐色,表面有瘤状突起,分生孢子单胞、椭圆形。子囊壳内生于子座表层,子囊圆筒形,子囊孢子无色、单胞、丝状。病菌在24℃~32℃发育良好,厚垣孢子发芽和菌丝生长以28℃最适,当气温低于12℃或高于36℃则不能生长。

1. 危害损失 稻曲病又称青粉病、伪黑穗病,多发生在收成好的年份，故又名丰收果，属真菌病害。在我国各大稻区均有发生。随着一些矮秆紧凑型品种的推广以及施肥水平的提高，发病率愈来愈高。病穗空秕粒显著增加，发病后一般要减产5%～10%。此病对产量损失是次要的，主要是病原菌有毒，孢子污染稻谷，降低稻米品质。

2. 症状识别　稻曲病主要在水稻抽穗扬花期感病，为害穗上部分谷粒，少则每穗1～2粒，多则每穗10多粒。受害病粒菌丝在谷粒内形成块状，逐渐膨大，先从内外颖壳缝隙处露出淡黄绿色的孢子座，然后包裹整个颖壳，形成比正常谷粒大3～4倍的菌块，颜色逐渐变为墨绿色，最后孢子座表面龟裂，散出墨绿色粉状物，有毒。孢子座表面可产生黑色、扁平、硬质的菌核（彩图10、11、12）。

3. 发生条件　病菌以菌核落入土内或厚垣孢子附在种子上越冬，第二年7～8月份菌核开始抽生子座，子座上生出子囊壳，壳中产生大量子囊孢子和分生孢子，并随气流传播散落，在水稻破口期侵害花器和幼嫩器官，造成谷粒发病。

一般大穗型、密重穗型品种、晚熟品种发病重；偏施氮肥，穗肥施用过晚，造成贪青晚熟时发病重；在抽穗扬花期时遇多雨、低温，特别是连阴雨，发病重。淹水、串灌、漫灌是导致稻曲病流行的另一个重要因素。

4. 防治时期及方法　种子消毒和抓住水稻关键生育期施药是防治稻曲病的有效措施。

（1）*种子消毒*　播种前进行种子消毒，可采用以下药剂处理。

①每公顷用12%水稻力量乳油1 050毫升加水750升浸种。先将稻种在药液中浸泡24小时，再用清水浸泡，然后催芽、播种。②每100千克种子用15%粉锈宁可湿性粉剂

300～400 克拌种。③用 70%抗菌素 402，2 000 倍液浸种 48 小时，捞出催芽、播种。④用 50%多菌灵可湿性粉剂 500 倍液（即 200 克药加清水 100 升搅匀，浸种 60～70 千克），浸种 48 小时，浸后捞出催芽、播种。⑤用 50%甲基托布津可湿性粉剂 500 倍液，浸种 24 小时，浸后捞出催芽、播种。⑥用 40%甲醛 500 倍液浸种。先将稻种用清水预浸 24～48 小时（以吸饱水而未露白冒芽为度），取出后稍晾干，若气温在 15℃～20℃时，将预浸稻种放入 500 倍药液中，浸 48 小时，再次捞出后用清水冲洗净后，催芽、播种。

（2）大田喷雾防治　大田防治水稻稻曲病宜在孕穗后期、破口期及齐穗期施药。最迟不能迟于齐穗期施药。

①在水稻孕穗后期和破口期，每 667 平方米用 5%井冈霉素水剂 100～150 毫升加水 50 升各喷雾 1 次，或每 667 平方米用 10%井冈霉素可湿性粉剂 50 克加水 50 升喷雾。如防治 2 次，间隔期为 7～10 天。如在破口期前 7～10 天每 667 平方米用 5%井冈霉素水剂 450 毫升（为常用量的 2～3 倍）对水 75 升喷雾。其防效好于两次常规用药。②每 667 平方米用 25%粉锈宁可湿性粉剂 50 克，加水 50 升，在水稻孕穗后期和破口期喷雾。③每 667 平方米用 50%DT 杀菌剂 100～150 克加水 50～75 升，在水稻孕穗中期和末期各喷雾 1 次。④在破口期前 10～12 天，每 667 平方米用瘟曲克星 200 克加水 60 升喷雾，同时采取水稻生育中期控氮等措施。⑤每 667 平方米用 12%水稻力量乳油 70 毫升加水 50 升，在水稻孕穗期和齐穗期喷雾。⑥每 667 平方米用 5%多菌酮可湿性粉剂 150 克，或每 667 平方米用 18%多菌酮乳粉 500 克加水 60 升，在水稻孕穗期喷雾。

(五)白叶枯病

水稻白叶枯病(*Xanthomonas campestris pv. Oryzae*, Rice bacterial leaf blight)病原菌 *Xanthomonas campestris pv. Oryzae* 属薄壁菌门黄单胞菌属,稻黄单孢杆菌白叶枯病致病变种细菌。菌体短杆状,鞭毛单根极生,革兰氏染色反应阴性。菌落蜜黄色,黏性。切取病健交界叶片组织 3 毫米×3 毫米,置显微镜暗视野下可观察到喷菌现象。

该菌属于好气性,呼吸型代谢细菌;最适合的生长碳源为蔗糖、氮源为谷氨酸。发育温度为 5℃~40℃,最适温度 25℃~32℃。病菌可生长的 pH 值为 4~8,但以 pH 值6.5~7 较适合。病菌在马铃薯、蔗糖或葡萄糖琼脂培养基、胁本哲(Wakimoto)氏马铃薯半合成培养基上生长最佳。

病菌可分泌一种多糖毒素,具有较强的致萎力,水稻凋萎主要是强毒菌株分泌多糖体化合物堵塞和破坏输导组织所致。

病菌致病力分化 我国根据在 5 个最基本的鉴别品种上的反应特征,将供试的菌株区分为 7 个致病型,即(Ⅰ):RRRRS、(Ⅱ):RRRSS、(Ⅲ):RRSSS、(Ⅳ):RSSSS、(Ⅴ):SRRSS、(Ⅵ):RRSRS 和(Ⅶ):RSSRS。病菌致病型分布的地理特点为:北方稻区菌株大多属致病Ⅰ型和Ⅱ型,长江流域以北以Ⅰ型和Ⅱ型为主,长江流域以Ⅲ型和Ⅳ型为多,南方稻区则以Ⅳ型菌最多,在广东和福建省还有少量Ⅴ型菌出现。

1. 危害损失 水稻白叶枯病最早于 1884 年在日本发现,目前已成为亚洲和太平洋稻区的重要病害。在我国,1950 年首先在南京郊区发现,后随带菌种子的调运,病区不断扩大。目前除新疆外,各省、自治区、市均有发生,以华东、华中和华南稻区发生普遍，危害较重，被我国列为有潜在危险性的植物病害。水稻受害后，叶片干枯，瘪谷增多，米质松脆，千粒重降低，一般减产 20%～30%，严重时可达 50%～60%，甚至颗粒无收。一般籼稻发病重于粳稻，晚稻重于早稻。沿海、沿湖和低洼易涝区发病频繁。

2. 症状识别 水稻白叶枯病，又称白叶瘟、茅草瘟和地火烧。属细菌病害。主要为害水稻叶片和叶鞘，病斑常从叶尖和叶缘开始，后沿叶缘两侧或中脉发展成波纹状长条斑，病斑黄白色，病健部分界线明显，后病斑转为灰白色，向内卷曲，远望一片枯槁色，故有白叶枯病之称。该病症状有以下几种类型（彩图 13、14、15）。

(1)叶枯型 最常见的白叶枯病典型症状，一般在分蘖期后较明显。发病多从叶尖或叶缘开始，初现黄绿色或暗绿色斑点，而后沿叶脉迅速向下纵横扩展成条斑，可达叶片基部和整个叶片。病健部交界线明显，呈波纹状（粳稻品种）或直线状（籼稻品种）。

(2)急性型 叶片病斑暗绿色，迅速扩展，几天内可使全叶呈青灰色或灰绿色，呈开水烫伤状，随即纵向卷起，呈青枯状，病部有蜜黄色珠状菌脓。此种症状的出现，表示病害正在急剧发展。

(3)凋萎型 多在秧田后期至拔节期发生。病株心叶或心叶下 1～2 叶先失水、青卷、随后枯萎，接着其他叶片相继青枯。病轻时仅 1～2 个分蘖青枯死亡，病重时整株整丛枯死。折断病株的茎基部并用手挤压，可见大量黄色菌液溢出。剥开刚刚青枯的心叶，也常见叶面有珠状黄色菌脓。

(4)黄叶(化)型 病株的新出叶均匀褪绿或呈黄色或黄绿色宽条斑，较老的叶片颜色正常。之后，病株生长受到抑制。在病株茎基部以及紧接病叶下面的节间有大量病原细菌存在，但在显现这种症状的病叶上检查不到病原细菌。

3. 发生条件和传播途径 在有足够菌源存在的前提下，白叶枯病的发生和流行主要受下列因素影响。

(1)品种抗性 不同水稻类型、同类型不同品种间对白叶枯病抗性差异很大，通常籼稻抗性较差；其次是粳稻，糯稻最强。同一品种不同生育期抗性也有差异，孕穗期最易感病，分蘖期较好，其他生育期抗病强些。

(2)抗性遗传 水稻品种对白叶枯病的抗性受不同抗性基因控制。迄今为止全世界已命名的水稻抗白叶枯病基因有21个，其中Xa22、Xa23和Xa24是我国科学家发现的。Xa3、Xa4、xa5、Xa7、xa13、Xa21、Xa22和Xa23基因对我国水稻白叶枯病菌均具有广谱抗性。

(3)气候条件 病害发生的适宜温度为25℃～30℃，相对湿度80%以上，台风、暴雨造成的大量伤口，均有利于病菌的入侵传播。低于20℃、高于33℃时则病害受到抑制。在适温条件下，湿度、下雨天数和雨量是影响病害流行的主要因素。

我国白叶枯病流行季节为：南方双季稻区早稻4～6月，晚稻为7～9月份；长江流域早、中、晚稻混栽区，早稻为6～7月份、中稻为7～8月份、晚稻为8月中旬到9月中旬；北方单季稻区为7～8月。

(4)栽培管理 氮肥施用过多或过迟，磷、钾肥不足，稻株生长过旺、叶片披垂、稻株互相接触、通风透光不良、田间湿度大和叶片水孔张开等均有利于病菌的传播、侵入、孳长、繁殖与扩散。稻田地势低洼、长期深灌、漫灌和串灌，不排水露田和晒田易造成病害扩展蔓延。

4. 防治时期及方法 防治水稻白叶枯病关键是要早发

现，早防治，封锁或铲除发病病株和发病中心。发现病株或发病中心，大风暴雨后的发病田及邻近稻田，受淹和生长嫩绿稻田是防治的重点。通过实施检疫，禁止随意调运种子，特别是从病区调运。选育和换种抗、耐病良种。选用适合当地的2～3个主栽抗病品种。进行种子消毒和妥善处理病草，田间病草和晒场秕谷、稻草残体应尽早处理，烧掉；不用病草扎秧、覆盖、铺垫道路和堵塞稻田水口等。培育无病壮秧，严防秧田受涝。秧苗3叶期及移植前各喷药预防1次。加强肥水管理，健全排灌系统，实行排灌分家，不准串灌、漫灌，严防涝害发生；按叶色变化科学用肥，配方施肥，使禾苗稳生稳长，尽量做到壮而不过旺、绿而不贪青。药剂防治要根据测报，重点施药挑治，封锁发病中心，控制病害于点发阶段。每次在台风、暴雨后应加强检查测报。

（1）种子消毒　稻种在消毒处理前，一般要先晒种1～3天，这样可以促进种子发芽和病菌萌动，有利于杀菌，以后可以用风、筛、簸、泥水和盐水选种，然后消毒。

①用40％强氯精浸种：稻种先用清水浸24小时后滤水晾干，再用300倍强氯精药液浸种，早稻浸24小时，晚稻浸12小时，捞出用清水冲洗净，早稻再用清水浸12小时（晚稻不浸），捞出后催芽、播种。②用70％抗生素402，2 000倍液浸种48小时，捞出后催芽、播种。③用35％～38％工业盐酸200倍液浸种72小时，捞出并冲洗净后，催芽、播种。④用50％代森铵50倍液浸种2小时，捞出后催芽、播种。⑤用10％叶枯净2 000倍液浸种24～48小时，捞出后催芽、播种。⑥用12％水稻力量乳油50～80毫升，对水50升浸种，先将稻种在药液中浸泡24小时，再用清水浸泡，然后催芽播种。⑦用30％苯噻硫氰（倍生、苯噻清）乳油1 000倍液浸种6小

时,浸种要时常搅拌,捞出后再用清水浸种,催芽、播种。

(2) 秧田和本田喷雾防治

① 每667平方米用20%叶青双可湿性粉剂100克,对水70升,在水稻秧苗3叶期和移栽前3~5天各喷雾1次;在大田白叶枯病初发期,每667平方米用20%叶青双可湿性粉剂100克,对水60升喷雾,隔7~10天再喷1次,共2~3次,效果良好。② 每667平方米用90%克菌壮可溶性粉剂75克,对水60升,在本田白叶枯病初见发病株或发病中心,立即喷雾防治,视病情发展,隔7~10天再喷1次。③ 每667平方米用77%可杀得可湿粉剂120克,对水50升在本田白叶枯病初见的发病株或发病中心,及早喷药防治,隔10天防治1次,共2~3次。④ 秧田白叶枯病的防治,在移栽前3~7天,每667平方米用10%叶枯净可湿性粉剂250克,对水50~60升喷雾;本田,在水稻幼穗形成至孕穗期,稻田初见病株或发病中心时开始喷药,每667平方米每次用10%可湿性粉剂400克,加水75升进行常量喷雾,间隔期7~10天,一般需喷药2~3次。⑤ 每667平方米用25%叶枯灵可湿性粉剂200~400克,加水50~60升,在秧田和本田初见病株或发病中心时开始喷药,每隔7天喷1次,共喷2~3次。⑥ 每667平方米用12%水稻力量乳油50~80毫升,对水50升,在秧田和本田初见病株或发病中心时喷药防治。⑦ 每667平方米用24%农用链霉素可溶性粉剂25克,对水60升,在白叶枯病零星发生时喷雾防治,视病情发展情况,隔7天左右喷雾1次,共喷2~3次。

二、超级稻害虫的发生与防治

（一）稻纵卷叶螟

稻纵卷叶螟（*Cnaphalocrocis medinalis* Guenee）属鳞翅目，螟蛾科，是我国常发性的水稻大害虫，近几年连续大发生，年发生面积超过2亿亩次。我国从东北至海南各稻区均有分布，尤以华南、长江中下游稻区为害最为严重。

1. 为害对象与特点 主要为害水稻，也为害麦类、甘蔗、玉米等作物及稗、芦苇、游草、马唐和狗尾草等禾本科杂草。初孵幼虫一般先爬入水稻心叶或附近叶鞘、旧虫苞中，虫量大时可观察到几头幼虫在叶尖、叶片一侧边缘小虫苞中，2龄幼虫则一般在叶尖或叶侧结小苞，3龄开始吐丝缀合叶片两边叶缘，将整段叶片向正面纵卷成苞，一般单叶成苞，少数可以将临近数片叶缀合成苞；幼虫取食叶片上表皮与叶肉，仅留下白色下表皮，虫苞上显现白斑。为害严重时，田间虫苞累累，甚至植株枯死，稻田一片枯白（彩图16、17、18）。

2. 发生规律 是我国为害最为严重的水稻害虫之一，具有典型的迁飞习性，其发生取决于东亚季风，8月底以前以偏南气流为主，蛾群由南往北逐代北迁，全年约发生5次，发生期由南至北依次推迟；以后以偏北气流为主，转而由北向南回迁，约有3次明显回迁过程。此外，在部分丘陵多山地区，不同海拔高度因气候、耕作制度等因素的差异，存在来回垂直迁飞的现象。除广东雷州半岛和海南可以终年繁殖外，其余地区每年均以迁入蛾群为主要初始虫源（北纬30°以北是惟一虫源），海南1年繁殖9～11代，广东、广西6～8代，长江中下游4～6代，东北、华北稻区每年1～3代。

稻纵卷叶螟喜欢在适温高湿的环境中生长发育，适宜温度22℃～28℃，空气相对湿度大于80%。各地主要为害世代持续29～38天，其中幼虫为害期15～22天。成虫喜欢在嫩绿繁茂的稻田产卵，产卵期3～6天，雌蛾寿命5～17天；产卵多在夜晚，每只雌虫每次产卵100多粒，最多可达200～300粒。

1头幼虫一生可为害稻叶5～7片，多者达9～12片，5龄后食量最大，占整个幼虫期的50%以上。老熟幼虫经1～2天预蛹后吐丝结薄茧化蛹，水稻分蘖期化蛹多在基部枯黄叶和无效分蘖上，抽穗期则多在叶鞘内或稻株间化蛹。

3. 防治方法 以农业防治为基础，充分利用生物防治资源，合理使用化学药剂，充分保护和利用自然天敌。稻纵卷叶螟天敌很多，特别是寄生性天敌，对其有很大的抑制作用。在采取有效措施保护天敌的稻田，卵期稻螟赤眼蜂、拟澳洲赤眼蜂的寄生率可达50%～80%，幼虫和蛹期的寄生性天敌有卷叶螟绒茧蜂、螟蛉绒茧蜂、扁股小蜂和多种瘤姬蜂等；此外，各期还有多种蜘蛛、步甲、红瓢虫和隐翅虫等捕食性天敌，对抑制稻纵卷叶螟的发生有重要作用。研究表明，稻纵卷叶螟世代平均死亡率95.9%，其中天敌致死的达50.9%，因气象因子致死的为45%；在江苏徐州调查发现，若仅是3龄前没有天敌的抑制作用，则种群数量将增加2.47倍。由此可见，保护和利用自然天敌在稻纵卷叶螟控制过程中具重要意义。

(1)农业防治 ①注意合理施肥，特别要防止偏施氮肥或施肥过迟，防止前期稻苗猛发徒长、后期贪青迟熟，促进水稻生长健壮、适期成熟，提高稻苗耐虫力或缩短为害期。②尽量采用抗虫水稻品种，一些常规水稻品种对稻纵卷叶螟有一定的耐虫性，但一般没有高效抗性。

（2）生物防治　利用生物农药或天敌，下述两种方法任选其一。①使用杀螟杆菌、青虫菌等生物农药，一般每667平方米用含活孢子量100亿/克的菌粉150～200克对水60～75升喷雾，加入药液量0.1%的洗衣粉作湿润剂可提高生物防治效果，如能加入药液量1/5的杀螟松防治效果会更好；②人工释放赤眼蜂，在稻纵卷叶螟产卵始期至高峰期，分期分批放蜂，每667平方米每次放3万～4万头，隔3天1次，连续放蜂3次。

（3）合理使用化学农药　化学农药仍然是目前防治稻纵卷叶螟的不可或缺的手段，但应该充分考虑水稻不同生育期对稻纵卷叶螟为害的容忍程度及对天敌资源的保护和利用。水稻品种对稻纵卷叶螟的为害有一定的补偿能力，尤以分蘖期补偿力较强，在抽穗期也有一定补偿力。因此，在生产中应该改变"见虫就打药"的观念，只需在稻纵卷叶螟发生量超过防治指标的时候才应进行防治。一般在分蘖期采用的防治指标较宽，穗期稍窄，如浙江水稻穗期有效虫量大于20头/100丛，分蘖期有效虫量大于40头/100丛才开始使用化学防治；同时防治适期以幼虫盛孵期或3、4龄幼虫高峰期为宜（以往一般掌握在2龄幼虫高峰期，但此时为寄生蜂高峰期，不利于保益控害）。

下述方法中任选其一：①每667平方米用5%锐劲特胶悬剂20毫升对水喷雾或弥雾；②每667平方米用25%毒死蜱乳剂60～80毫升喷雾或弥雾；③每667平方米用80%杀虫单粉剂35～40克喷雾或25%杀虫双水剂150～200毫升喷雾或弥雾，蚕桑区可改用5%杀虫双颗粒剂1.5千克加湿润细土撒施；④每667平方米用90%的晶体敌百虫100克喷雾或弥雾；⑤50％的杀螟松乳油 60 毫升喷雾或每 667 平方米 100 毫升泼浇；⑥每 667 平方米用 10％吡虫啉可湿性粉剂 10～30 克喷雾，持效期 30 天。或者每 667 平方米用 10％吡虫啉10～20 克与 80％杀虫单 40 克混配，主防稻纵卷叶螟，兼治稻飞虱。

上述喷雾每 667 平方米用水 50～75 升，弥雾用水 5～10 升，泼浇用水 400 升。

(二)二 化 螟

水稻二化螟 *Chilo suppressalis* (Walker)是为害我国水稻最为严重的常发性害虫之一，国内各稻区均有分布，较三化螟和大螟分布广，3 种主要螟虫中只有二化螟在东北为害，但主要以长江流域和华南稻区发生较重。近年来，发生数量呈明显上升的态势，全国年发生面积超过 2.5 亿亩次，是发生面积最大的害虫。田间常可以见到其外形近似种芦苞螟 *Chilo lutellus* (Motschulsky)，主要为害芦苇，形态上易与二化螟混淆。

1. 为害对象与症状　除水稻外，还可为害茭白、野茭白、玉米、甘蔗、稗草和芦苇等禾本科植物，早春越冬代幼虫还能为害油菜、绿肥、麦苗和蚕豆等。

幼虫钻蛀稻株，其为害水稻部位与水稻生育期的关系密切，初孵幼虫先群集叶鞘内取食内壁组织，造成枯鞘；若正值穗期可集中在穗苞中为害造成花穗；2 龄后开始蛀入稻茎为害，分蘖期造成枯心，孕穗期造成枯孕穗，抽穗期造成白穗，成熟期造成虫伤株。同一卵块孵化的不同幼虫或同一幼虫的转株为害常在田间造成枯心团、白穗团。幼虫常群集为害，钻蛀孔呈圆形，孔外常有少量虫粪；1 根稻秆中常有多头幼虫，多者可达几十甚至上百头，受害稻秆内虫粪较多（彩图 19、20、21、22、23、24）。

2. 发生规律 在国内年发生 1～5 代，由北往南递增，东北 1～2 代，黄淮流域 2 代，长江流域和两广 2～4 代，海南 5 代。多以 4～6 龄幼虫于稻桩、稻草及茭白、田边杂草中滞育越冬，未成熟的幼虫，春季还可以取食田间及周边绿肥、油菜、麦类等作物。越冬幼虫抗逆性强，冬季气温影响不大，在 15℃～16℃以上开始活动、羽化。长江中下游一般在 4 月中下旬至 5 月上旬开始发生。但由于越冬环境复杂，越冬幼虫化蛹、羽化时间极不整齐，常持续约两个月，一般在茭白田中化蛹、羽化最早，稻桩中较晚，油菜和蚕豆更晚些，稻草中最晚。因此，越冬代及随后的各个世代发生期拉的较长，可有多次发蛾高峰，造成世代重叠现象；用药时，由于防治适期难以掌握，增加了药剂治理的难度。

成虫多在晚间羽化，趋光性强，羽化后 3～4 天产卵最多，每只雌虫产卵 2～3 块，每块卵 1 代平均 39 粒，2 代 83 粒；喜欢选择植株较高、剑叶长而宽、茎秆粗壮和叶色浓绿的稻株产卵。卵产于叶片表面。

蚁螟（初孵幼虫）多在上午孵化，先群集叶鞘内取食内壁组织，造成枯鞘；2 龄后开始蛀入稻茎为害，造成枯鞘、枯心、白穗、花穗和虫伤株等症状。幼虫有转株为害习性，在食料不足或水稻生长受阻时，幼虫分散为害，转株频繁，为害加重。幼虫老熟后多在受害稻茎秆内（部分在叶鞘内侧）结薄茧化蛹，蛹期好氧量大，灌水淹没会杀死大量虫蛹。

春季低温多湿会延迟二化螟的发生期。夏季高温也会抑制二化螟的发生，35℃高温下羽化的蛾子多畸形，卵孵化率降低，幼虫死亡率升高。稻田水温高于 35℃时，分蘖期因幼虫多集中于茎秆下部，死亡率可高达80%～90%，但在穗期幼虫可逃至稻株上部，水温的影响相对较小。

天敌对抑制二化螟发生有较大的作用。寄生性天敌主要有卵期的稻螟赤眼蜂、松毛虫赤眼蜂，幼虫期有多种姬蜂、多种茧蜂及线虫、寄生蝇，其中卵寄生蜂最重要，在有些地区螟卵被寄生率可高达80%～90%；幼期寄生蜂对越冬幼虫的影响较大，仅二化螟绒茧蜂的寄生率就可达30%。此外，有些地区白僵菌、黄僵菌对越冬幼虫也有较大影响。捕食类天敌有蜘蛛、蛙类、隐翅虫、猎蝽和鸟类等。

3. 防治方法 采取"防、避、治"相结合的防治策略，以农业防治为基础，在掌握害虫发生期、发生量和发生程度的基础上合理使用化学农药；条件具备时，还可选用抗虫转基因水稻品种。

(1)农业防治 主要采取消灭越冬虫源、灌水灭虫和避害、利用抗虫品种等措施。

①冬闲田在冬季或早春3月底以前翻耕灌水，稻草中含虫多的要及早处理，也可把基部10～15厘米先切除烧毁，可显著降低越冬虫口数量。②合理安排冬作物，晚熟小麦、大麦、油菜及留种绿肥要注意安排在虫源少的晚稻田中，可减少越冬的虫口基数。③尽量避免单、双季稻混栽的局面，切断虫源田和"桥梁田"，可以有效降低虫口数量。④单季稻区则可适度推迟播种期，可有效避开二化螟越冬代成虫产卵高峰期，降低为害。⑤水源比较充足的地区也可以根据水稻生长情况，在1代化蛹初期，先放干田水2～5天或灌浅水，降低二化螟化蛹部位，然后灌水7～10厘米深水，保持3～4天，可使蛹窒息死亡；2代二化螟1、2龄期在叶鞘为害，也可灌深水淹灭叶鞘2～3天，有效杀死害虫。⑥利用抗虫品种，同稻纵卷叶

螟相似。目前缺少对二化螟具有有效抗性的常规水稻品种，生产上能利用的只有少量中抗或耐虫品种。

(2)化学防治　仍然是当前最为重要的二化螟防治措施，为充分利用卵期天敌，应尽量避开卵孵盛期用药，一般在早、晚稻分蘖期或晚稻孕穗、抽穗期，螟卵孵化高峰后5～7天，枯鞘丛率5%～8%或早稻每667平方米有中心为害株100株或丛害率1%～1.5%或晚稻为害团高于100个开始用药。

生产上使用较多的药剂是杀虫双、杀虫单和三唑磷等。下述方法任选其一：① 一般每667平方米用80%杀虫单粉剂35～40克。② 25%杀虫双水剂200～250毫升。③ 用20%三唑磷乳油100毫升，对水50～75升喷雾或对水200～250升泼浇或400升大水量泼浇。④ 用25%杀虫双水剂200～250毫升。⑤用5%杀虫双颗粒剂1～1.5千克拌湿润细干土20千克制成药土撒施。此外，采用杀虫双大粒剂，改过去常规喷雾为浸秧田，采用带药漂浮载体防治法能提高防效。杀虫双在防治二化螟时还可防治大螟、三化螟和稻纵卷叶螟等，对大龄幼虫杀伤力高、施药时期弹性大，但要注意防止家蚕中毒。

然而，目前我国有许多稻区二化螟对杀虫双、三唑磷产生严重抗药性，这些地区可以选用效果好、药效期较长的5%锐劲特胶悬剂25～30毫升喷雾或泼浇。但考虑到锐劲特价格较贵，且对大螟效果较差，可以与其他农药如三唑磷等混用。

此外，①每667平方米施用1.8%农家乐乳剂(阿维菌素1号)15～20毫升。②42%特力克乳油30毫升。③50%杀螟松乳油50～100毫升。④50%杀螟腈乳油100～150毫升。⑤90%晶体敌百虫100～200克，也可有效防治二化螟。

上述各种方法施药期间，保持3～5厘米浅水层持续3～5天，可提高防治效果。

(三)三 化 螟

三化螟是水稻三化螟[*Scirpophaga incertulas* (Walker)]的异名[*Tryporyza incertulas* (Walker)]。属鳞翅目、螟蛾科。广泛分布在我国山东莱阳、烟台以南地区,是我国长江流域以南(包括长江流域)水稻主产区最为重要的常发性害虫之一,曾是我国螟虫优势种。近几年来其发生面积虽在7 000万亩次以上,但除华南、江苏等地外,发生数量均不及二化螟,总体危害上也次于二化螟居各种螟虫的第二位。

1. 为害对象和症状 食性专一,仅为害水稻。幼虫钻蛀为害造成枯心、白穗、虫伤株及相应的枯心团、白穗群,没有二化螟为害后那样的枯鞘。与其他螟虫有一显著不同特征——幼虫钻入之后在茎节上部将心叶或稻茎维管组织环切、咬断,切口颇整齐,形似"断环",且一般每株仅有1头幼虫,株内虫粪较少,粪粒清晰,蛀孔整齐,圆形。3龄以上幼虫转株后常留叶囊或茎囊于蛀口外边或下方泥土上(彩图25、26、27)。

2. 发生规律 我国各地由北往南年发生2～7代,长江中下游以3代为主,部分的4代。以老熟幼虫在稻桩内滞育越冬,秋季光周期缩短是滞育的主要诱因。春季温度回升到16℃后开始化蛹,其发生较二化螟稍迟,长江中下游一般在4月下旬至5月中旬开始发生。春季温暖干燥,越冬代化蛹、羽化提早,发生量增多,南方稻区春季大旱,当年容易成为三化螟大发生年。

成虫一般在晚上羽化,白天静伏稻丛,有强烈趋光性;卵产于叶片或叶鞘表面,尤其喜产于生长嫩绿茂盛,处于分蘖、孕穗至抽穗初期的稻田。产卵期2～6天,每只雌虫产卵1～7块,平均2～3块,每块卵粒数因代别而异,第一代40～50

粒，第二、第三代分别为75～80粒、90～120粒。

三化螟幼虫喜单头为害，每头幼虫一般独占1株水稻分蘖，钻入之后环切心叶或稻茎，接着可以在“断环”上方取食较长时间，再往下取食，常将稻秆各节贯通；仅取食稻茎内壁、叶鞘白色组织，基本不食含叶绿素部分，秆内粪粒清晰，粪量较少。有转株为害习性，一生可转株1～3次，以3龄幼虫转株较常见，营养条件差时转移次数较多。

生产上单、双季稻混栽或中稻与一季稻混栽，三化螟食料条件连续而丰富，为害严重。所栽水稻品种分蘖期、孕穗或破口期与蚁螟发生期相遇时发生重。栽培上基肥充足，追肥及时，稻株生长健壮，抽穗迅速整齐的稻田受害轻；反之，追肥过晚或偏施氮肥，有利于三化螟的发生。特别是若遇气温在24℃～29℃，空气相对湿度达90%以上的气候，蚁螟孵化和侵入率较高，加重田间为害。

3. 防治方法

(1)农业防治　除冬季作物田的安排不必考虑外，其余同“二化螟”。

(2)药剂防治　用药适期除卵孵盛期与水稻孕穗末期至破口期相遇而必须用药之外，其余与二化螟相似，均应避开卵孵高峰，在卵孵盛期后至幼虫造成稻株枯心或白穗之前用药。药剂种类与施药方法同“二化螟”。

(四)褐飞虱

褐飞虱 *Nilaparvata lugens* (Stål) 别名褐稻虱、稻褐飞虱。分布于除黑龙江、内蒙古、青海和新疆以外的所有省、自治区，尤以长江流域及长江以南的各省、自治区发生量大。

1. 为害对象和症状　食性较单一，只为害水稻及普通野生稻等稻属植物。成、若虫都能为害，一般群集于稻丛下部，密度很高时或迁出时才出现于稻叶上。用口器刺吸水稻汁液，消耗稻株营养，并在茎秆上留下褐色伤痕、斑点，分泌蜜露引起叶片烟煤病孳生，严重时，稻丛下部变黑色，逐渐全株枯萎。被害稻田常在田中间出现“黄塘”、“穿顶”或“虱烧”，甚至全田荒枯，造成严重减产或颗粒无收。此外，褐稻虱传播的齿叶矮缩病见于福建、广东与江西一带，表现为相应病害症状（彩图 28、29、30）。

2. 发生规律 年发生代数因南北地理纬度不同而异，吉林通化仅1～2 代，海南 12～13 代，除北纬 21°以南地区可终年繁殖、北纬 21°～25°间少量间歇越冬外，北纬 25°以北均不能越冬，每年虫源由南方迁飞而来。是一种逐代、逐区、呈季节性南北往返迁移的害虫，受我国东亚季风进退的气流和作物生长的物候规律及季节变化同步制约。一般每年 3 月下旬至 5 月份，随西南气流由中南半岛迁入两广南部发生区（北纬 19°到北回归线），在该区繁殖 2～3 代，于 6 月间早稻黄熟时产生大量长翅型成虫随季风北迁，主降于南岭发生区（北回归线至北纬 26～28°），7 月中下旬南岭区早稻黄熟收割，再北迁至长江流域及以北地区。9 月中下旬至 10 月上旬，长江流域及以北地区水稻黄熟产生大量长翅型成虫，随东北气流向西南回迁。外来虫源区，每年虫源迁入的迟早和数量对当地褐飞虱的发生迟早、世代数和发生程度有直接影响。

成虫长翅型为迁飞型。短翅型为居留繁殖型，其产卵前期较长翅型短，繁殖力较强。只有长翅型褐飞虱才迁飞，迁入地水稻多值分蘖期或孕穗期，所繁殖的后代多为短翅型，1～2 代后，随着虫口密度的增加及水稻进入灌浆成熟期，长翅型比例又迅速增多，大量迁出。食料条件、虫口密度是褐飞虱翅型分化的主要外部诱发因素。一般分蘖期和孕穗期水稻有利于短翅型的产生，黄熟期水稻有利于长翅型产生；虫口密度过大会诱发长翅型比例增高。

成虫有强趋光性，晚间 8～11 时扑灯多。在 26℃～28℃条件下，成虫寿命 15～25 天，产卵前期 2～3 天，卵期 7～8 天，若虫期 10～12 天。雌虫繁殖力强，每只雌虫产卵 150～500 粒，最多 700～1 000 粒。成虫和若虫多群集于稻丛基部附近取食，一般不大移动，遇惊则落水跳往他处。

喜温爱湿，生长适温为 20℃～30℃，最适温度为 26℃～28℃，适宜相对湿度在 80%以上，盛夏不热、深秋不凉和夏、秋季多雨是该虫大发生的气候条件。肥水管理不当，例如没有认真搁田，排灌措施不好导致地下水位高或施肥不当导致叶片徒长、荫蔽度大，即使降水量不多也因田间小气候湿度大而有利于褐飞虱的大发生。

水稻种质中对褐飞虱的抗性资源较丰富，品种的抗性水平对褐飞虱迁入后的发生起着关键的作用，抗性好的品种往往不需要其他措施进行褐飞虱的防治，感虫甚至超感虫的品种即使在大量使用化学农药的条件下出现一次用药不到位就可能冒穿。

自然天敌对稻飞虱的发生有很大的抑制作用，田间褐飞虱的天敌种类众多，如卵期天敌主要有稻虱缨小蜂和黑肩绿盲蝽，若、成虫有多种蜘蛛、螯蜂、捻翅虫、线虫、步甲、隐翅虫和尖钩宽黾蝽等。一些年份在局部生境下，缨小蜂对卵的寄生率可高达 40%～70%，盲蝽捕食率可达 47%～80%，线虫对成虫的寄生率甚至可超过 90%。

3. 防治方法　充分利用农业增产措施和自然因子的控害作用，创造不利于害虫而有利于天敌繁殖和水稻增产的生态条件；在此基础上依据具体虫害情况，合理使用高效低毒的化学农药。

(1)农业防治

①实施连片种植,合理布局,防止褐飞虱迂回转移、辗转为害。②健身栽培,科学管理肥水,做到排灌自如,防田间长期积水,浅水勤灌,适时搁田;合理施肥,防止田间封行过早、稻苗徒长荫蔽,增加田间通风透光度,降低湿度,创造促进水稻生长而不利于褐飞虱孳生的田间小气候,是控制褐飞虱为害的重要环节。③利用抗虫品种,我国目前有一大批抗褐飞虱的水稻品种育成并推广,成为防治褐飞虱的关键措施。但注意避免长期、大规模的依赖少数几个抗虫品种;否则褐飞虱对抗虫品种极易适应,产生新的"生物型",导致原有抗虫品种不再抗虫。④保护利用自然天敌,除减少施药和使用选择性农药以外,可通过调节非稻田生境,提高其中天敌对稻田害虫的控制作用,主要是在稻田周围(包括田埂)保留合适的植被,如禾本科杂草。但在一些以周边杂草为中间寄主或越冬寄主的害虫,如稻蝽类、稻甲虫类、稻蚊蝇类等发生较重的地区,此法的选用应当根据实际情况取舍。

(2)药剂防治　采用"突出重点、压前控后"的防治策略,选用高效、低毒、选择性农药。目前对褐飞虱的防治主要有两种特效农药——扑虱灵和吡虫啉。

扑虱灵,又名优乐得、噻嗪酮,是一种昆虫表皮几丁质合成抑制剂。褐飞虱若虫对该药的敏感性随虫龄的增加而降低。它可缩短成虫寿命,降低产卵量和卵孵化率;因此,在低龄若虫阶段施用效果最好。该药具有长效、高效但作用较慢的特点,用药后 3～5 天才能开始显示效果,15 天后效果最明显,可持续 1 个月。一般发生年份每 667 平方米用 25%扑虱灵可湿性粉剂 15 克喷雾,重发年份可提高到每 667 平方米用

20～25 克喷雾，每 667 平方米对水 50～60 升。

吡虫啉的速效性远好于扑虱灵，持效期更长。一般年份每 667 平方米用 10%吡虫啉可湿性粉剂 15～20 克，大发生年份可提高到每 667 平方米 30～35 克，可用常规喷雾（每 667 平方米对水 45～60 升）、粗水喷雾（每 667 平方米对水 50～60 升）或撒毒土（1.0～1.5 千克）等方法，药后 3 天防效即可达 90%以上，7～25 天防效最好，持效期达 1 个半月。

也可以每 667 平方米用 5%锐劲特胶悬剂 30～40 毫升，对水 50 升，防效在 90%以上，持效期达 1 个月；同时还可兼治其他飞虱及二化螟、三化螟等多种害虫。

（五）白背飞虱

白背飞虱[*Sogatella furcifera* (Horvath)]广泛分布于我国各稻区，长江流域及以南地区受害情况尤其严重，主要为害早稻、中稻和一季晚稻。近年来，在长江中下游及华南稻区发生程度加重，对晚稻种植也有严重危害，发生面积已超过褐飞虱，成为为害水稻生产最大的稻飞虱种类。

1. 为害对象和症状 为害对象比褐飞虱广，最喜为害水稻；也可为害野生稻、茭白、甘蔗、稗草、狗尾草、看麦娘、游草和麦等禾本科植物。为害症状同“褐飞虱”，但成、若虫在稻株上的分布位置较褐飞虱高（彩图 31、32、33）。

2. 发生规律 同褐飞虱一样是一种长距离季节性迁飞的害虫，我国大部分地区均不能越冬，初始虫源均系异地迁飞而来。迁飞与东亚季风关系密切。春季随西南或偏南气流从中南半岛迁入我国，夏季同样随西南或偏南气流向北延伸，间歇出现的东西气流使该虫从东部地区迁入我国西部地区；秋季东北或东风气流又使该虫自北往南，自东往西回迁。海南南部终年繁殖区1年发生11～12代，往北发生代数减少，按纬度大致分为，北纬24°～25°间年发生8代，26°～27°间年发生7代，27°～30°间年发生6代为主，30°～32°间年发生5代为主，32°～40°间年发生4代为主，40°～44°间年发生3代。外来虫源区，白背飞虱的发生代数除与不同纬度地区气候差异密切相关外，还随虫源迁入的迟早、水稻耕作制度和海拔条件而异。

成虫有强趋光性和趋嫩性。25℃～29℃下，卵历期6～9天，若虫历期10～15天，雌虫寿命约20天，雄虫约15天。雌虫产卵期一般10～19天，每只雌虫产卵180～300粒，其在稻株上的产卵部位随水稻生育期的延迟而逐渐上移，在分蘖期多产卵于稻茎下部叶鞘，孕穗期在稻茎中部叶鞘产卵，黄熟期则多产卵于倒一二叶中肋。

同褐飞虱一样，各地白背飞虱的为害程度与迁入的虫源数量密切相关，同时还与当地水稻的生育期、品种抗虫性、水肥管理、气候、雨量和天敌数量等因素有关系。若条件适宜，白背飞虱容易迅速大量增殖，暴发成灾。

白背飞虱对温度的适应性比褐飞虱强，耐寒力强于褐飞虱，生长适温范围15℃～30℃，宽于褐飞虱。对湿度要求亦较高，适宜空气相对湿度80%～90%。在白背飞虱主要为害世代，出现前期多雨、后期干旱的气候条件是其大发生的预兆。如长江中下游六七月份大量产卵和繁殖期，若雨量较多，相对湿度85%～90%，则多为重发年份。水肥管理直接影响稻田间小气候。若肥水管理不当，稻苗贪青，不但会吸引成虫产卵，还因植株茂密，田间荫蔽度高，田间湿度大而有利于白背飞虱的发生。

同褐飞虱一样，天敌是抑制其发生的重要因素。白背飞虱的天敌种类与褐飞虱相同。

3. 防治方法 可参考褐飞虱的防治方法。

三、超级稻杂草的发生与防治

稻种和秧田杂草防除，可采取的物理措施有风选、筛选（杂草种子小）、盐水或泥水浸种（杂草种子较轻）等。由于秧田面积小，易于集中防除杂草，可防止杂草由秧田带入本田。因秧田期短，秧田杂草种类多，密度大，出草速度快，化学除草应以芽前土壤处理为主。主攻稗草、千金子，兼除莎草和阔叶杂草。化学除草对于用药时期（播前、播后、水稻生育期）、用药量（浓度）、施药方法与药前药后田间水分的管理有十分严格的要求。一定要严格按照各种除草剂说明书要求进行操作，以保证除草效果，避免造成药害。

除草剂使用一般有：①喷雾处理法（土壤处理、茎叶处理）。按 667 平方米称（量）取所用药量，土壤处理一般加水 45～50 千克，茎叶处理加水 30～40 千克，均匀喷雾。

②药土法：按每 667 平方米称（量）取所需药量，用 0.5～1.0 升水稀释，喷撒到 20 千克细土，混拌均匀后均匀撒施。

③药肥法：按每 667 平方米称（量）取所需用药量，直接混拌于 7.5～10 千克尿素，用作追肥均匀措施。

（一）秧田化学除草

秧田杂草的主要防治对象为稗草及少量伴生的 1 年生杂草，可采用如下方法。

(1) 播前土壤处理 秧床平整后，按每 667 平方米（1 亩，下同）用量：①50%杀草丹 160～200 毫升；②60%丁草胺 85～100 毫升；③90.9%禾大壮 110～145 毫升，加水 0.5～1

升稀释。与过筛细土 20 千克混拌均匀，撒施于秧床面上，经 2～3 天后播种；对水育秧田也可在整平床面后，趁混水甩施 12%恶草灵 67～133 毫升，经 2～3 天后播种。

(2)播后苗前土壤处理 播种覆土后用除草剂处理再盖膜。这种方法简单易行，效果好，是目前秧田除草主要采取的措施。是利用水稻与杂草间的耐药性差异和位差选择的除草原理。因此，必须在播种后覆土，以避免稻种直接接触药剂而受害。每 667 平方米均匀撒施：①60%丁草胺 67～100 毫升或 50%杀草丹 160～200 毫升；②90.9%禾大壮 110～145 毫升；③10%农得时 17～20 克；④10%草克星 13～17 克。由于丁草胺和禾大壮只对稗草防效好，如秧田伴生其他杂草时，可采用①10%农得时 13～17 克＋60%丁草胺 67～85 毫升；②60%丁草胺 67～85 毫升＋10%草克星 13～17 克；③12%恶草灵 100 毫升＋60%丁草胺 67～85 毫升。

(3)苗期处理 作为补救措施，在水稻 2 叶期左右，采用选择性比较好的除草剂，进行喷雾处理。可供选择的除草剂品种有：①在稗草 1～1.5 叶，最迟不超过 2 叶期，每 667 平方米用 20%敌稗乳油 100～150 毫升对水喷雾；②稗草在2～3 叶期，每 667 平方米可用 20%敌稗乳油 50～75 毫升＋96%禾大壮乳油 100 毫升对水喷雾；③当秧床杂草很多，且稗草、莎草科杂草和阔叶杂草混生危害时，在杂草 3～4 叶时，先排干水后施药，药后 1 天再恢复水层管理。每 667 平方米可采用 96%禾大壮乳油 100 毫升＋40%苯达松水剂 100 毫升混合喷雾。

(二)本田化学除草

本田化学除草主要分为插秧前和插秧后两个时期。

1. 插秧前处理法 又可分为整地前、整地时与整地后插秧前几个时期。

(1)整地前 杂草多的田块,可提早灌水诱发杂草早生早发,然后用除草剂杀灭。每667平方米可用24%稗草枯纯药30～60毫升对水喷雾。

(2)整地时处理 每667平方米采用12%恶草灵30～40毫升对水喷雾;喷后表层浅耙混土,保水2～3天后插秧。

(3)整地后插秧前 在整地后插秧前保持浅水层施药,药后1～2天插秧。所选用的除草剂品种按每667平方米用量:①60%丁草胺85～170毫升;②50%杀草丹200～400毫升;③12%恶草灵167～250毫升;④60%丁草胺50～85毫升与恶草灵83～125毫升混用。

2. 插秧后处理法 这是当前广泛采用的方法,可分为土壤处理和茎叶喷雾处理。

(1)插后土壤处理 这是本田前期施药的主要方法,即毒土或粒剂在浅水层的撒施法。由于此时正值水稻缓秧前后,要求施药技术严格,必须达到田平、量准、药匀,药后保水3～5天。

(2)插后前期施药 施药适期要视苗情、草情而定,一般不超过插后10天左右。选用的除草剂品种(按每667平方米计)有:①40%除草醚250～300克;②50%杀草丹160～200毫升;③60%丁草胺83～133毫升;④12%恶草灵125～250毫升。其中丁草胺已成为生产上使用的主要品种。在南方中稻和双季晚稻的大苗插秧后,每667平方米用24%果尔8.5～21毫升,也可取得较好的除草效果。

(3)插后中后期处理 一般在移栽后10天处理,水稻已扎新根。可选用以下方法之一:①50%快杀稗粉剂20～60克;②10%农得时15～20克;③10%草克星15～20克;④

90.9%禾大壮 143～200 毫升等。禾大壮对 5 叶期的大龄稗草也有特效，但要保持水层；草克星和农得时是广谱、高效除草剂，插后应用；可取得较理想的除草效果。

(4)插后的茎叶处理　以多种阔叶杂草，如野慈姑、鸭舌草、眼子菜及莎草科杂草，如异型莎草、牛毛草和三棱草等为主要防治对象。于水稻分蘖盛期至末期，采用茎叶喷雾的方法。常用的品种有 2,4-D 类、扑草净、西草净和苯达松等。以下除草方法任选其一：a. 72% 2,4-D 丁酯乳油每 667 平方米 50 毫升或 70%二甲四氯钠盐 80～100 克，带浅水层对水喷雾；b. 每 667 平方米 50%苯达松可湿性粉剂 150～200 克；c. 48%苯达松乳油 150～200 毫升，排干田水，对水喷雾，药后 1～2 天再灌水。苯达松不宜与敌稗混用。

3. 本田后期常见杂草及防除　后期杂草，特别是低矮杂草一般不会造成危害，一些高出稻株的杂草，如稗草、千金子、莎草等，可采取人工拔除。这样做，一是可保持稻田后期美观；二是如果作为留种田，可减少杂草种子在稻种中的残留量；三是可减少杂草种子落田量，减少第二年杂草基数。

四、稻田主要杂草的识别与防除

(一)稗　草

1. 杂草识别

稗(*Echinochloa* spp.)，别名稗草，1 年生草本。种子繁殖。适宜发芽温度为 20℃～30℃。生长周期一般情况下和水稻同步。苗期稗苗与稻苗很相像，但稗叶光滑无毛，无叶舌。双季早稻田的稗 6～7 月份开花，7～8 月份结果，双季晚稻田的稗 8～9 月份开花，9～10 月份结果；单季中稻田的稗 7～8 月份开花，8～9 月份结果。成熟的稗籽易脱落掉入田中，或混入稻种中成为第二年草源（彩图 34、35、36）。

2. 防治时期和方法

（1）选用 60％丁草胺乳油，旱育秧田、旱直播田和陆稻田在播后苗前（播种后当天至出苗前）对水喷雾。湿润直播田在整地后当天至播种前 5 天对水喷雾。移栽田和抛秧田在水稻移栽后 4～7 天，采用喷雾法或药土法或药砂法或药肥法施药。

（2）用 35％丁・苄可湿性粉剂，在水稻移植 4～7 天后的小苗移栽田、大苗移栽田和抛秧田，用药土法或药砂法或药肥法施药。

（3）用 40％丁恶乳油，或 40％丁扑乳油，在播后苗前，采用喷雾法施药。

（4）用 18％平湖田草光可湿性粉剂，在大苗移栽田水稻移栽后 4～7 天。采用药土法或药砂法或药肥法施药。

（5）用 50％二氯喹啉酸可湿性粉剂，或 25％二氯苄悬乳剂，在秧田、直播田、移栽田和抛秧田使用。使用时期：旱育秧田、旱直播田和陆稻田在水稻 1.5～2 叶期；水育秧田、水直播田、湿润秧田和湿润直播田在水稻 2.5～3 叶期；移栽田和抛秧田在水稻移植后 7～15 天，均可使用喷雾法施药。

（6）用 90.9％禾大壮乳油，在水育秧田、水直播田、湿润秧田、湿润直播田、移栽田和抛秧田使用。秧田和直播田在水稻 2 叶 1 心至 3 叶期，移栽田和抛秧田在水稻移植后 7～10 天，用药土法或药砂法施药。

（7）用 40％直播净可湿性粉剂，在湿润秧田、湿润直播田在播种后次日至水稻立针期施药。种子需浸种催芽至 1/2 谷粒长播种时，采用喷雾法。

(二)异型莎草

1. 杂草识别

异型莎草(*Cyperus difformis* L.)为1年生草本。种子繁殖。5～6月份出苗,6～9月份开花结果(彩图37、38、39)。

2. 防治时期和方法

(1)用35%丁·苄(丁草胺＋苄嘧磺隆)可湿性粉剂,用于小苗移栽田、大苗移栽田和抛秧田,在水稻移植后5～7天,采用药土法或药肥法施药。

(2)用12%恶草灵乳油,用于旱育秧田和陆稻田时,在播后苗前采用喷雾法;用于湿润直播田时,在整平田面后播种前5天,采用瓶甩法或药土法,播种时要先排水后播种。

(3)用30%扫弗特乳油,或30%草杀特乳油,采用于湿润秧田、湿润直播田、水育秧田和水直播田中。水稻浸种催芽至1/2谷粒长时播种。在播种后第二天至水稻立针期,用喷雾法。

(4)选用10%农得时可湿性粉剂、10%苄嘧磺隆可湿性粉剂、10%草克星可湿性粉剂、10%吡嘧磺隆可湿性粉剂其中之一,采用于湿润秧田、湿润直播田、水育秧田、水直播田时,在水稻播种后当天至水稻3叶期,采用喷雾法施药;用于小苗移栽田、大苗移栽田和抛秧田时,在水稻移植后4～15天,采用药土法或药肥法施药。

(三)千金子

1. 杂草识别

千金子[*Leptochloa chinensis* (L.) Ness]别名水稗,绣花草。1年生湿生禾本科杂草,利用种子繁殖。最适发芽土壤含水量为20%,温度为20℃～30℃。4～5月份出苗,5～7

月份为其发生及为害高峰,7～10月份开花结果。分布在我国黄河以南的潮湿低田(彩图40、41、42)。

2. 防治时期和方法

(1)选用48%排草丹液体、25%排草丹液体、48%灭草松水剂其一。用于直播田时,在水稻3～5叶期;用于移栽田和抛秧田时,在水稻移植后10～25天,均采用喷雾法施药。

(2)用60%灭草快可湿性粉剂,用于秧田和直播田时,在水稻2.5～3叶期;用于移栽田和抛秧田时,在水稻移植后10～15天,均采用喷雾法施药。

(3)用10%农得时可湿性粉剂或10%苄嘧磺隆可湿性粉剂,用于直播田时,在水稻1～2叶期,用喷雾法施药;用于移栽田和抛秧田时,在水稻移植后4～25天,采用药土法或药砂法或药肥法施药。

(4)育秧除草:播种前2～3天整好秧板灌浅水,每667平方米用50%杀草丹乳油150～250毫升加水30升或拌细土10～20千克撒施,保水2～3天,排水后播种,湿润播种;或在秧苗1.5～2叶期,每667平方米用50%杀草丹乳油150～200毫升加水喷雾。施药前排水,施药时,田间有浅水层或保持湿润。

(5)直播田、移栽田插秧后1～10天,抛秧田秧后7天内,每667平方米用50%拜田净可湿性粉剂13～26克,采用撒毒土或喷雾防治的方法。在采用毒土法时,需保证土壤湿润,即田间有薄水层,以保证药剂能均匀扩散。

(6)秧田稗草或千金子1.5～2叶期每667平方米用10%千金乳油30～50毫升,加水30～40升,茎叶喷雾。直播田、抛秧田、移栽田中的稗草和千金子2～4叶期,每667平方米用10%千金乳油50～67毫升,加水30～40升对茎叶喷雾。防治大龄杂草时应适当加大用药量。

(四)扁秆加草

1. 杂草识别

扁秆加草(*Scirpus planiculmis* Fr. Schmidt.)为多年生草本。以块茎和种子繁殖。块茎在春、夏季出苗,7～9 月份开花结果。种子成熟后可随水流或夹杂于稻谷中传播,成为稻田恶性杂草。在黑龙江东部及吉林东北部分布危害的同属杂草还有日本藨草(*Scirpus nipponicus* Makino)(彩图 43、44、45)。

2. 防治时期和方法

(1)用 50%莎扑隆可湿性粉剂,用于旱育秧田、旱直播田和陆稻中,在整地后播种前;用于移栽田和抛秧田时,在水稻移栽前 1～2 天。采用喷雾法或药土法施药。用药后,旱育秧田、旱直播田和陆稻田,可结合整地把药土均匀混入 5～7 厘米土层,随后平整田面、播种;移栽田和抛秧田,在水稻移植前 1～2 天,粗整地后用药,保持田面有水膜至浅水层状态;然后细耙 1 次,将药土均匀混入 3～5 厘米表土层中。

(2)用 48%苯达松水剂,或 25%苯达松水剂,用于直播田时,在水稻 3～5 叶期,用于移栽田和抛秧田时,在水稻移植后 10～25 天。均采用喷雾法。

(3)用 13%2 甲 4 氯水剂或 56%2 甲 4 氯钠盐粉剂,用于直播田时,在水稻 4～5 叶期;用于移栽田和抛秧田时,在水稻移植后 10～25 天。均采用喷雾法。

(4)用 46%莎阔丹可溶性液体或 22%灭·二甲水剂,用于直播田时,在水稻 3～5 叶期;用于移栽田和抛秧田时,在水稻移栽或抛栽后 10～25 天。均采用喷雾法。

(五)萤　蔺

1. 杂草识别

萤蔺(*Scirpus juncoides* Roxb.)别名灯心蔗草，小水葱，多年生草本。用种子和根茎繁殖。在主发生区，5～8月份都可看到有根苗和种苗长出，7～10月份开花结果。分布几乎遍及全国(彩图46、47、48)。

2. 防治时期和方法

(1)用50%莎扑隆可湿性粉剂，用于旱育秧田、旱直播田和陆稻田时，在播种前用喷雾法施药；用于移栽田和抛秧田时，在水稻移栽或抛栽前1～2天，采用喷雾法或药土法施药。用药后，旱育秧田、旱直播田和陆稻田，可结合整地把药土均匀混入5～7厘米土层，随后平整田面、播种；移栽田和抛秧田，在水稻移栽前1～2天，粗整地后用药，保持田面有水膜至浅水层状态，然后细耙1次，将药土均匀混入3～5厘米表土层中。

(2)用60%丁草胺乳油，用于湿润直播田时，在播种前5天，采用瓶甩法或药土法施药；用于旱育秧田、旱直播田和陆稻田，在水稻播后出苗前，采用喷雾法施药；用于移栽田和抛秧田时，在水稻移栽或抛栽后4～7天，任选药土法、药砂法、药肥法其一施药。

(3)用30%扫弗特乳油，用于湿润秧田和湿润直播田，水稻需浸种催芽至1/2谷粒长时播种。在播后次日至水稻立针期施药。

(4)用10%农得时可湿性粉剂或10%草克星可湿性粉剂，用于秧田、直播田时，在播种后当天至水稻3叶期，采用喷雾法施药。用于移栽田和抛秧田时，在水稻移植后4～15天，采用喷雾法或药肥法施药。

(5)任选用48%苯达松水剂或48%灭草松水剂、46%莎阔丹可溶性液体其中之一,用于直播田时,在水稻3～5叶期;用于移栽田和抛秧田时,在水稻移植后10～25天。均采用喷雾法施药。

(六)牛 毛 毡

1. 杂草识别

牛毛毡[Eleocharis yokoscensis(Franch et Sav.)Tang et wang]为多年生小草本。用根茎和种子繁殖。春、夏季均可萌发出苗,在秋季开花结果(彩图49、50、51)。

2. 防治时期和方法

(1)用60%丁草胺乳油,在旱育秧田、旱直播田和陆稻田中,播后苗前(播种后当天至出苗前),采用喷雾法施药;用于湿润直播田时,在整地后播种前5天施药;用于移栽田和抛秧田时,在水稻移栽或抛栽后4～7天,选用喷雾法、药土法、药砂法、药肥法其中之一。

(2)用35%丁·苄可湿性粉剂,在抛秧田、小苗移栽田和大苗移栽田中,水稻移植后4～7天施药,选用喷雾法、药土法、药砂法、药肥法其中之一施药。

(3)选用30%扫弗特乳油、30%草杀特乳油、40%直播净可湿性粉剂,在湿润秧田和湿润直播田中,播种后次日至水稻立针期施药。种子需浸种催芽至1/2谷粒长时播种,并采用喷雾法施药。

(4)选用10%农得时可湿性粉剂、10%苄嘧磺隆可湿性粉剂、10%草克星可湿性粉剂其中之一,用于秧田和直播田时,在水稻1～2叶期,选用喷雾法施药;用于移栽田和抛秧田时，在水稻移植后4～25天，选用药肥法或药土法、药砂法其中之一施药。

（七）碎米莎草

1. 杂草识别

碎米莎草（*Cyperus iria* L.）为1年生草本。用种子繁殖。5～8月份萌发出苗，6～10月份开花、结果（彩图52、53、54）。

2. 防治时期和方法

（1）用60％丁草胺乳油，用于旱育秧田、旱直播田和陆稻田时，在播后苗前（播种后当天至出苗前），采用喷雾法施药；用于湿润直播田时，在整地后当天至播种前3～5天；用于移栽田和抛秧田时，在水稻移植后4～7天，选用喷雾法、药土法、药砂法、药肥法其之一施药。

（2）选用40％丁·恶乳油、60％福农乳油、19％丁·扑可湿性粉剂、40％丁·扑乳油其中之一，用于旱育秧田、旱直播田和陆稻田时，在播后苗前，采用喷雾法施药。

（3）选用10％农得时可湿性粉剂、10％苄嘧磺隆可湿性粉剂、10％草克星可湿性粉剂、10％吡嘧磺隆可湿性粉剂其中之一，用于湿润秧田、湿润直播田、水育秧田、水直播田时，在水稻1～2叶期，采用喷雾法施药；用于小苗移栽田、大苗移栽田和抛秧田时，在水稻移植后4～15天，选用药土法、药肥法、喷雾法其中之一施药。

（八）矮慈姑

1. 杂草识别

矮慈姑（*Sagittaria pygmaea* Miq.）别名瓜皮草，多年生草本。用块茎和种子繁殖。5～6月份出苗，7～8月份开花，8～9 月份结果（彩图 55、56、57）。

2. 防治时期和方法

（1）选用 10％农得时可湿性粉剂或 10％苄嘧磺隆可湿性粉剂、30％威农可湿性粉剂其中之一，用于湿润秧田和水育秧田时，在水稻播后当天至水稻 2 叶期，采用喷雾法施药；用于湿润直播田和水直播田时，在水稻播后当天至水稻 3 叶期，最佳使用时期在水稻 1.5～2 叶期，用喷雾法施药；用于移栽田和抛秧田时，在水稻移植后 4～15 天，选用喷雾法、药土法、药肥法其中之一施药。

（2）用 18％平湖田草光可湿性粉剂，用于大苗移栽田时，在水稻移栽后 4～7 天，选用药肥法、药土法、药砂法其中之一施药。

（3）选用 48％排草丹液体或 48％灭草松水剂，用于秧田和直播田时，在水稻 3～5 叶期施药；用于抛秧田和移栽田时，在水稻移植后 10～15 天，选用喷雾法施药。

（4）移栽稻：移栽后 5～7 天每 667 平方米用 10％农得时可湿性粉剂 15～20 克拌 10～20 千克细土撒施，施药时保持 3～5 厘米水层，药后保持 3～5 天水层。

（九）野 慈 姑

1. 杂草识别

野慈姑［*Sagittaria trifolia*（L.）var. *angustifolia*（*Sieb.*）*Kitagawa*］为多年生草本。用块茎和种子繁殖。在 5～6 月份出苗，7～8 月份开花，9～10 月份结果。分布较广的同属杂草还有长瓣慈姑（彩图 58、59、60）。

2. 防治时期和方法

（1）选用 10％农得时可湿性粉剂或 10％苄嘧磺隆可湿性

粉剂、10%草克星可湿性粉剂、10%吡嘧磺隆可湿性粉剂其中之一，用于湿润秧田、水育秧田、湿润直播田和水直播田时，在水稻1～2叶期，采用喷雾法施药；用于移栽田和抛秧田时，在水稻移植后4～15天，选用喷雾法或药肥法、药土法、药砂法其中之一施药。

(2)选用53%丁西乳油或5.3%丁西颗粒剂，用于大苗移栽田时，在水稻移栽后7～10天，选用药土法或药砂法、药肥法其中之一施药。

(3)选用48%灭草松水剂，或13%2甲4氯水剂，用于直播田、移栽田和抛秧田中期除草，直播田在水稻3～5叶期施药；移栽田和抛秧田在水稻移植后15～25天施药。

移栽田：移栽后3～5天(南方)；移栽后7～10天(北方)，秧苗扎根返青，秧龄25天以上，每667平方米用13～20毫升10%艾割乳油拌细土撒施；施药后，保持3～4厘米水层5～7天。

(十)鸭舌草

1. 杂草识别

鸭舌草[*Monochoria vaginalis* (Burm. f. Presl ex Kunth)]，1年生草本。用种子繁殖，种子发芽最适温度为30℃左右。春季出苗，在8～9月份开花，9～10月份蒴果成熟(彩图61、62、63)。

2. 防治时期和方法

(1)选用30%扫弗特乳油、30%草杀特乳油、40%直播净可湿性粉剂其中之一，用于湿润直播田和水直播田时，在水稻播种后次日至立针期施药。稻种需催芽至1/2谷粒长时播种，用喷雾法。

(2)用12%农思它乳油或13%恶草酮乳油，用于直播田时，在整地后播种前5天，用药时保持田水层，排水后落谷播种，施药用瓶甩法；用于水稻移栽田时，在移栽后4～7天，选用药土法或药砂法、药肥法其中之一施药。

(3)用18%平湖田草光可湿性粉剂或5.3%丁·西颗粒剂，用于大苗移栽田时，在水稻移栽后5～7天，选用药肥法、药土法、药砂法其中之一施药。

(4)选用35%丁·苄可湿性粉剂、50%苯噻·苄可湿性粉剂、23.5%禾草丹·苄可湿性粉剂其中之一，用于抛秧田、小苗移栽田及大苗移栽田时，在水稻移植后5～7天施药。

(十一)空心莲子草

1. 杂草识别

空心莲子草[*Alternanthera philoxeroides* (Mart.) Griseb.]别名水花生、革命草。多年生草本。主要靠茎芽繁殖，早春发芽生长，在5～7月份开花，7～9月份结果。从田埂、河渠传播蔓延到水田中，成为难去除的杂草(彩图64、65、66)。

2. 防治时期和方法

(1)用20%使它隆乳油，此药剂为进口产品，注册在小麦田使用。属内吸传导型苗后除草剂。经试验证明，本剂可应用于陆稻田和直播田，用作中后期除草。使用时期是水稻4叶期，采用喷雾法施药。

(2)用48%排草丹液体或48%灭草松水剂，于直播田、移栽田和抛秧田作中后期除草。直播田的水稻在4～5叶期；移栽田和抛秧田水稻在移栽或抛栽后15～25天。上述两种制剂的杀草活性物质相同，排草丹为进口产品，灭草松为国产产品。属触杀型选择性苗后除草剂。在植物体内传导作用很小，因此，喷药时药液雾滴要覆盖杂草叶面，才能确保好的防效。

第五章　超级稻栽培集成技术

一、育　秧

超级稻穗型较大,培育壮秧是发挥超级稻产量潜力的关键环节。当前的水稻生产中以湿润育秧为主,还有较大面积的旱育秧。因此,结合超级稻特点,在重点介绍湿润育秧的同时,也介绍旱育秧。

(一)选用饱满种子

种子饱满度与种子的发芽率、成秧率和秧苗的质量密切相关。不同饱满度种子的千粒重有显著差异。种子越饱满,千粒重越高。用不同比重的水溶液选出的种子千粒重如表5-1。清水中上浮种子(去空粒,以受精种子计算)为T1;清水中下沉后,在比重1.05的溶液中上浮的种子为T2;1.05比重溶液下沉后,在比重1.10的溶液中上浮的种子为T3;在比重1.10的溶液下沉的种子为T4。商品种子因质量的差异,不同比重溶液下上浮的种子数量不同。一般种子在清水上浮种子的粒数占总粒数的8%～10%,千粒重仅为饱满种子的69%～72%。清水中下沉,在1.05比重溶液上浮的种子占总粒数的3%～4%。在1.05比重溶液中下沉,在比重1.10的溶液上浮的种子占总粒数的5%～6%。在比重1.10溶液下沉的种子占80%～85%。

表 5-1 不同饱满度种子的千粒重及粒数比例

品　种	项　目	T1	T2	T3	T4
两优培九	千粒重(克)	16.1	18.6	19.6	23.5
	相对千粒重(%)	69.0	79.0	83.0	100.0
	粒数比例(%)	8.7	3.8	5.0	82.6
Ⅱ优 7954	千粒重(克)	20.3	24.6	26.7	28.2
	相对千粒重(%)	72.0	87.0	95.0	100.0
	粒数比例(%)	9.8	3.4	5.5	81.2

注:粒数比例是指同一组合中不同饱满度种子的重量占总粒数的百分率

不同种子饱满度的发芽率、成苗率和秧苗素质存在差异。饱满度越差,发芽率和成秧率越低。在清水中,上浮的种子发芽率为 35%～66%,成秧率为 31%～42%。而在 1.05 比重溶液下沉的种子发芽率在 81%以上,成秧率在 60%以上。而在 1.1。比重溶液下沉的种子发芽率在 97%以上,成秧率在 75%以上(表 5-2)。

表 5-2 不同饱满度种子发芽率和成秧率

品　种	项　目	T1	T2	T3	T4
两优培九	发芽率(%)	34.6	81.1	97.7	98.2
	成秧率(%)	30.7	66.1	72.4	75.1
Ⅱ优 7954	发芽率(%)	66.3	83.9	95.0	97.2
	成秧率(%)	42.1	60.5	69.2	78.7

在清水中,上浮种子发育的秧苗在分蘖能力、物质生长量上均小于清水中下沉种子的秧苗。在秧苗 5 叶期调查,不同饱满度种子的秧苗分蘖和大蘖数有明显的差异。两优培九在清水中上浮的种子的秧苗分蘖能力最弱,其平均分蘖数少。

两优培九清水中下沉的种子的秧苗比清水中上浮的种子的秧苗的分蘖数和大蘖数分别多43%和58%(表5-3)。

表5-3　两优培九不同饱满度种子5叶期的秧苗分蘖的差异比较

种　子	分蘖数(个)		大蘖数(>2叶)	
	平均值	相对值(%)	平均值	相对值(%)
清水中上浮	2.00	100.0	1.20	100.0
清水中下沉	2.90	142.8	1.90	157.5

实验表明水稻种子在育秧前可根据情况用清水或1.05比重的水溶液选种,以获得成苗率高、生长一致的秧苗。

(二)浸种时间

不同类型水稻、品种种子的吸水与萌发方面存在较大差异。以中早21、秀水63和协优9308为供试材料,研究浸种时间和温度对不同类型水稻品种种子吸水与萌发的影响。结果表明,在同一浸种温度下,同一浸种时间内,吸水量都随着浸种时间的推移而增大,浸种24小时后,种子增重的速度变小。协优9308浸种温度18℃,浸种时间6小时,吸水率达到17.4%时,发芽率达到90%以上;浸种温度在24℃时,浸种6小时,吸水率达到18%,发芽率高达96.5%。所以,协优9308浸种时间不需要很长。秀水63浸种温度在24℃下,浸种时间为36小时,发芽率达到最高90.0%。中早21无论浸种温度是18℃,还是24℃,都是浸36小时,发芽率达最高(图5-1)。

表明杂交稻浸种时间一般在6～12小时,籼稻一般在24～36小时,粳稻一般在48小时,就可达到较好的发芽效果。浸种时间过长,反而影响种子的发芽。

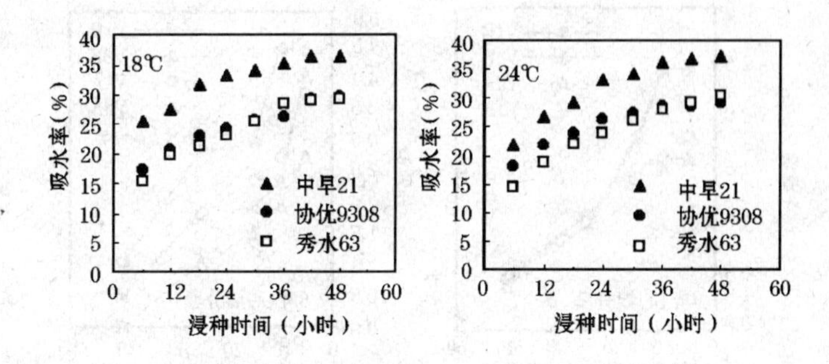

图 5-1 不同浸种时间的吸水率

(三)稀 播

在影响秧苗素质的诸多因素中,秧龄和播种量是两个重要因素。稀播到什么程度,秧龄以多大为好,因品种类型而异。2004 年,中国水稻研究所在富阳基地进行播种密度试验,采用两个杂交稻品种Ⅱ优 7954(V1)和内 2 优 6 号(V2),秧田每 667 平方米播量为 5 千克、10 千克、15 千克、25 千克、40 千克,设 1.5 叶期施多效唑(A)和不施多效唑(B)两个处理。

两个品种的叶龄分别为播种后 15 天达 4 叶 1 心期,25 天达 6 叶 1 心期,30 天达 7 叶 1 心期。从图 5-2 可以看出,两个品种不同处理分蘖数随播种量的提高单株分蘖数减少。播量为 5 千克的分蘖数最多,分别为 10 千克、15 千克、25 千克和 40 千克播量的分蘖数依次减少。施用多效唑的分蘖数比没有施用多效唑的分蘖数多,Ⅱ优 7954 达到显著性的差异。从 4 叶 1 心到 6 叶 1 心分蘖增长快,从 6 叶 1 心到 7 叶 1 心期分蘖变化不大。从分蘖数发生的情况看,以 5 千克播量和

6 叶 1 心期移栽最好(图 5-2)。

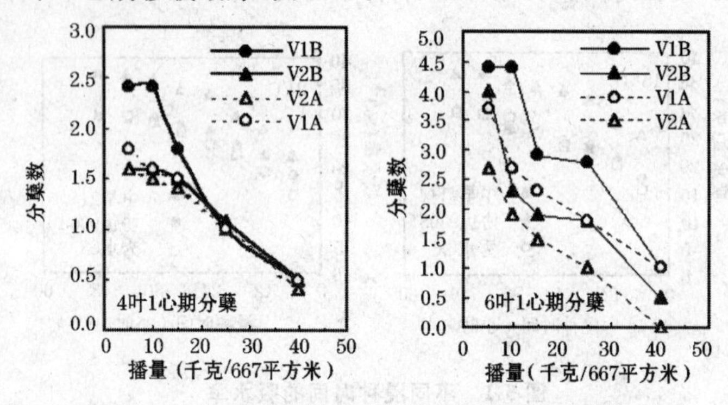

图 5-2 播种量和多效唑处理对不同叶龄期秧苗分蘖的影响

施用多效唑的处理后,对 15 天、25 天和 30 天秧龄地上部分干物质和根系干重进行分析。从图 5-3 可以看出,在不同播种量条件下,15 天秧龄的秧苗地上部分干物质及根系重量变化不大;25 天秧龄和 30 天秧龄的秧苗随着播种量的提高,干物质重量则减少,以 5 千克播量干物质重量最高;25 天秧龄和 30 天秧龄的秧苗的根系干物重差异很小。所以,一般生产上以 25 天秧龄和播种量 5～10 千克为好。

(四)施　肥

秧田合理的施肥能提高种子的成苗率和提高秧苗的质量。通过对Ⅱ优 7954 和秀水 110 秧田基肥的施用方式的分析(面施和深施)表明,基肥面施对成秧率有一定影响。Ⅱ优 7954 秧田基肥深施成苗率达 57.3%,比面施的 52.3%高 5%;秧田肥料深施对秀水 110 成苗率的影响更明显,深施的成苗率达 55.2%,比表面施肥 43.3%高出近 11.9%(图 5-4)。因此,在生产上秧田基肥的施用深施早施,避免面施,可

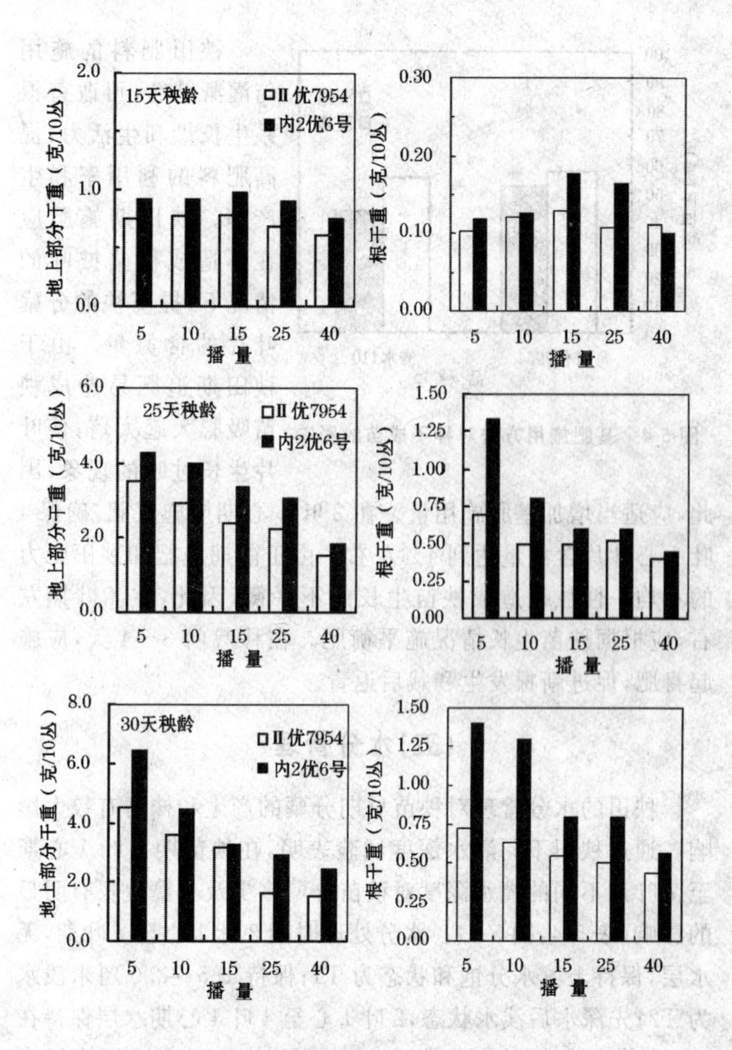

图 5-3　不同播种量条件下不同秧龄秧苗地上部分和根系干物质重量比较

提高成苗率。

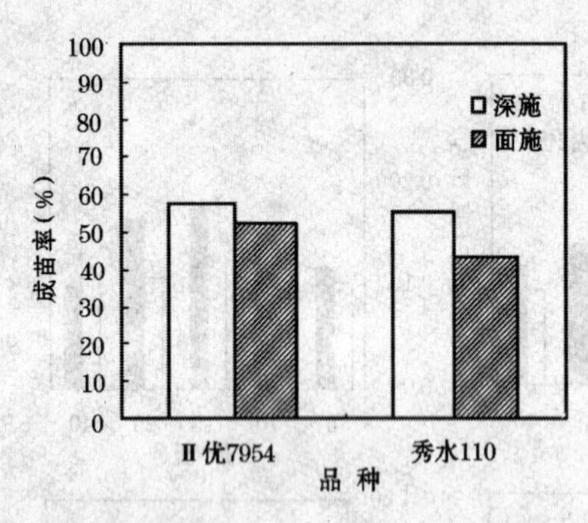

图 5-4 基肥施用方法对种子成苗的影响

秧田肥料的施用与灌溉结合,可改善根系生长量和生活力,提高肥料的利用率和生产率。秧田期施肥应在不造成秧蘖披叶的情况下,提高秧的分蘖叶片的含氮量。由于秧田期追肥易造成秧苗吸肥大起大落,使叶片生长过旺的现象,因此,应适当增加基肥施用量。在 2 叶 1 心期应施氮肥,确保 4 叶 1 心叶片含氮量达到 4%左右。由于前期施肥和秧田肥力的不均一性往往造成秧苗生长的不平衡,因此,在 4 叶期左右,应根据秧苗生长情况施平衡肥。在移栽前 3～4 天,应施起身肥,促进新根发生和栽后返青。

(五)水分管理

秧田的水分管理对秧苗早期分蘖的产生和株高有较大影响。通过秧田不同灌水深度试验表明,在秧苗期 2 叶 1 心期至 7 叶期不同的灌水深度对秧苗分蘖多少及分蘖生长有明显的影响(表 5-4,图 5-5)。水分处理时期 2 叶 1 心至 7 叶期,无水层,保持土壤水分饱和状态为 T1;保持 1.5～2.0 厘米浅水为 T2;先深水后浅水状态,2 叶 1 心至 4 叶 1 心期水层保持在 4.0 厘米左右,4 叶 1 心期至 7 叶期保持 1.5～2.0 厘米浅水为 T3;整个秧苗生育期间灌水深度一直在 4.0 厘米左右为 T4。秧苗期灌溉水深度与秧苗分蘖和根系生长密切相关,灌水深，分蘖发生和根系生长受到抑制。浅水层灌溉，能促进秧苗分蘖的发生和根系生长，秧苗大，分蘖多，提高秧苗素质；当灌水深度达到 4.0 厘米，则不利于秧苗分蘖的发生和根系生长，根冠比较低。因此，秧田期水分管理以浅水层为主。

表 5-4　不同灌水深度两优培九秧苗地上部及根系生长差异比较(7 叶期)

处　理	株　高（厘米）	茎叶干重（毫克）	根干重（毫克）
T1	28.5	551.4	189.2
T2	28.1	523.5	172.1
T3	34.1	607.0	160.2
T4	32.5	543.8	100.1

(六)秧苗化学调控

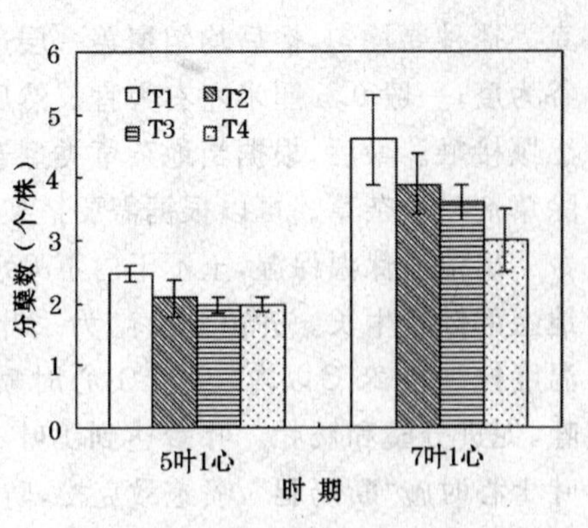

图 5-5　不同灌水深度对水稻秧苗分蘖的影响

水稻秧苗化学调节剂中应用比较广泛的是多效唑。多效唑在 1 叶 1 心期到 2 叶 1 心期施用对水稻秧苗具有显著的控高促蘖作用。施用多效唑后植株表现为矮健，分蘖增加，叶色浓绿，叶片短直，根系发达。秧苗单株带蘖数多，整齐度高，移栽后返青快，适应性增强。图 5-

2表明，不同播种量6叶1心期喷施多效唑的秧苗单株比对照平均增加0.7～1.1个分蘖。一般每667平方米用15%多效唑粉剂150克，对水50升均匀喷洒。喷药应在1叶1心期到2叶1心期秧田上水前进行，喷药12小时后可灌水。

(七)旱育秧

播种前选择肥沃、疏松、背风向阳、排水方便和弱酸性至中性的菜园地或旱地做旱育苗床，畦面精翻、细耕整平。苗床要求土层细碎、松软、平整、肥沃。播种前1～2天施基肥和壮秧剂于表土层中，并与表土混合，浇足底墒水。苗床的宽度可根据秧田排水条件、操作方便等因素确定，一般苗床宽1.0～1.2米，沟宽30厘米，沟深20厘米。

常规稻旱育中小秧苗移栽，播种量每平方米120～250克，大中苗播种量每平方米100克。杂交稻每平方米20～30克。播种要均匀，播后均匀覆盖一层过筛疏松细土，以不见芽谷为度，一般0.5厘米左右为宜。然后将表土压实，使芽谷与土壤接触。最后，根据当地杂草类型选择适宜的除草剂，喷施除草剂封杀杂草。可以根据需要搭架盖膜。

出苗前保温保湿，土不干白不喷水，促进秧苗根系下扎和地上部健壮生长。齐苗到叶龄为1叶1心需调温控湿，膜内温度控制在25℃以内。1叶1心时喷施300毫克/升的多效唑，促进分蘖和矮壮。叶龄达到1叶1心后逐步通风炼苗，2叶1心时施“断奶肥”，喷施敌克松，防立枯病。断奶肥一般每平方米施尿素10～15克。移栽前3～4天施“送嫁肥”，一般每平方米施尿素10～15克或复合肥15～20克。注意防止鼠害，特别注意防治稻蓟马等害虫的为害，可选用吡虫啉等农药防治。

二、精确施肥

(一)水稻需肥量

我国大多数地区水稻施肥主要施用氮、磷、钾肥,在少数土壤特殊元素亏欠的情况下,也需施用其他营养元素,如硅、硫等元素。水稻对氮、磷、钾营养元素的需求量各地报道的数据差异很大。水稻生产 100 千克籽粒产量需要吸收的纯氮 1.5～3.0 千克,磷(P)0.4～1.0 千克,钾(K)1.5～3 千克。

超级稻协优 9308 每 667 平方米产量 768.9 千克水平下,每 667 平方米吸收氮的重量为 11.1 千克,磷(P)为 2.6 千克,钾(K)为 12.8 千克。每 100 千克籽粒产量需氮、磷、钾分别为 1.44 千克、0.34 千克和 1.66 千克。与对照组合协优 63 相比,每百千克籽粒氮、磷需求量分别下降 17%和 12%,则钾需求量增加 2%。与过去水稻 100 千克籽粒对氮、磷、钾需求量相比,分别下降 29.1%、10.5%和 7.8%。这表明:①超级稻氮、磷、钾的生理效率较高(表 5-5)。②水稻高产情况,水稻对钾的需求量较大。特别对超级稻来说,增施钾肥对提高产量和实现水稻可持续性生产具有重要意义。

表 5-5 超级稻生产 667 平方米千克籽粒产量的氮磷钾吸收量

组　合	产量(千克/667 平方米)	667 平方米籽粒产量需求量(千克)		
		氮	磷	钾
协优 9308	768.9	1.44	0.34	1.66
协优 63	654.6	1.68	0.38	1.62

续表 5-5

组　合	产量 (千克/667 平方米)	667 平方米籽粒产量需求量(千克)		
		氮	磷	钾
相对增减%	—	−17%	−12%	+2%

水稻生产 100 千克籽粒产量所需要吸收氮的重量受到品种类型、栽培方式、产量水平和施肥量的影响。100 千克籽粒产量所需要吸收的氮量,随施氮量的提高而有所下降。这表明氮肥的生产效率下降(表 5-6)。

表 5-6　施氮量对 100 千克籽粒需氮量的影响　(许仁良,2005)(单位:千克)

品种类型	无　肥	低　肥	中　肥	高　肥
常规粳稻	1.45	1.61	1.93	2.21
杂交粳稻	1.53	1.64	1.88	2.20
常规籼稻	1.58	1.71	1.93	2.28
杂交籼稻	1.69	1.76	2.01	2.42
总平均	1.49	1.63	1.93	2.23
变异系数(%)	9.56	6.36	5.54	4.17

(二)不同时期植株氮磷钾的吸收速率

协优 9308 和两优培九两个组合植株氮的吸收速率如图 5-6。协优 9308 从移栽到分蘖中期及分蘖中期到穗分化期植株氮吸收速率为 0.25 毫克/平方米·天,穗分化期到开花期和开花期到成熟期分别为 0.1 毫克/平方米·天和 0.75 毫克/平方米·天。两优培九从移栽到分蘖中期,分蘖中期到穗分化期,从穗分化期到开花和开花到成熟植株氮吸收率分别为0.17,0.20,0.15和0.75毫克/平方米·天。植株氮的吸收速率以移栽到穗分化期最高,其次为穗分化期到开花,开花到成熟最低。因此,基肥氮和分蘖肥氮的施用对满足水稻整个生育期需求量十分重要。

超级稻协优9308和两优培九两个组合不同时期植株吸磷速率较低,在0.03到0.07毫克/平方米·天之间,协优9308以分蘖到穗分化期,穗分化期到开花较高;移栽到分蘖,开花到花后30天较低。两优培九以移栽到分蘖最低,其他时期均较高(图5-6)。

超级稻协优9308和两优培九不同时期植株钾的吸收速率如图5-6。吸钾速率以分蘖到穗分化期最高,为0.32毫克/平方米·天,其次穗分化期到开花为0.17～0.20毫克/平方米·天,然后从移栽到分蘖期为0.10～0.13毫克/平方米·天,灌浆期间最低,为0.05～0.07毫克/平方米·天。这说明高产水稻吸钾高峰在生育中期。因此,要重视对分蘖期和穗分化期钾肥的施用。

(三)不同时期植株氮磷钾的吸收量与分配

协优9308植株对氮、磷、钾的主要吸收期在分蘖到穗分化期和穗分化期到齐穗期,氮、磷、钾吸收量分别占总吸收量的43%、40%、48%。这期间是分蘖生长的主要时期,氮吸收速率较高,而磷、钾吸收速率达最高。穗分化到齐穗,氮、磷、钾吸收量分别占总吸收量的20%、33%和30%,这时氮的吸收速率下降,而磷、钾的吸收速率仍较高。齐穗到齐穗后20天氮、磷、钾的吸收量分别约为10%,27%,22%,以维持后期

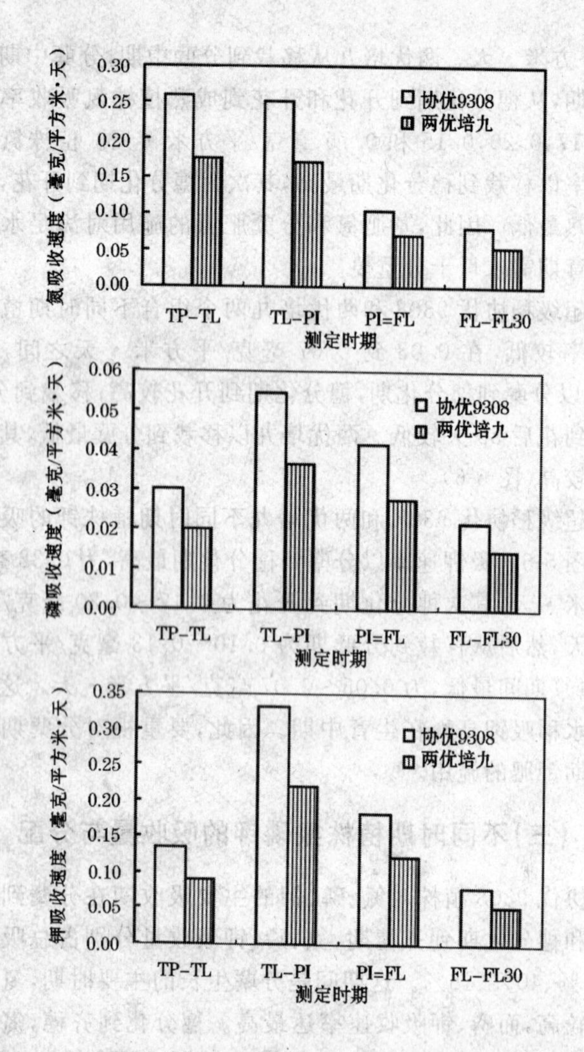

图 5-6　超级稻协优 9308 和两优培九不同时期氮磷钾吸收速率

（TP-TL，TL-PI，PI-FL 和 FL-FL30 分别代表移栽到分蘖，分蘖到穗分化，穗分化到开花和开花到花后 30 天各时期）

籽粒生长对氮、磷、钾的需求(表 5-7)。

表 5-7 不同组合不同时期氮、磷、钾吸收量(千克/667 平方米)

品 种	项目	移 栽	分 蘖	穗分化	齐 穗	齐穗后 20 天	成 熟
协优 9308	氮	0.29(3)	3.05(27)	7.76(70)	9.93(89)	11.14(100)	11.06(99)
	磷	0.04(1)	0.36(14)	1.38(54)	2.24(87)	2.56(100)	2.32(90)
	钾	0.19(1)	1.62(13)	7.81(61)	11.61(91)	12.78(100)	11.65(91)
协优 63	氮	0.29(3)	2.83(21)	5.01(21)	7.27(20)	9.34(89)	10.55(100)
	磷	0.03(1)	0.26(25)	0.84(50)	1.96(13)	2.26(100)	2.26(100)
	钾	0.17(2)	1.76(43)	5.92(28)	8.66(11)	9.70(100)	9.70(100)

* 磷:括号中数据为营养元素相对吸收量

对照组合协优 63,氮吸收量在分蘖到穗分化期、穗分化期到齐穗和齐穗到齐穗后 20 天分别占总吸收量的 21%、21%,20%,磷的吸收量分别为 25%、50%、13%,钾的吸收量为 43%,28%,11%。表明氮、磷、钾的主要吸收时期是分蘖到穗分化期和穗分化期到齐穗期(表 5-7)。与对照组合汕优 63 相比,协优 9308 的吸肥特点是总吸收量大,氮、磷、钾总吸收量分别比汕优 63 增加 5.6%,13.3%和 31.8%。齐穗到齐穗后 20 天,协优 9308 对磷、钾的吸收比例大。

成熟期水稻吸收的氮、磷、钾元素如表 5-8,植株吸收的氮 65.1%～68.9%分配在籽粒中,植株吸收的磷 49.9%～72.5%分配在籽粒中,而植株吸收的钾 58.9%～79.0%分配在籽粒茎鞘。这表明成熟时,植株吸收的氮和磷主要分配在籽粒中,而植株吸收钾主要分配在稻草中。因此,实施稻草还田对提高土壤的钾含量有重要的意义。

表 5-8 杂交籼粳稻成熟期吸收的养分分配 （%）

品种	部位	氮(N)	磷(P_2O_5)	钾(K_2O)
秀优 5 号	叶片	14.8	17.2	13.3
	茎鞘	20.1	33.0	58.9
	籽粒	65.1	49.9	27.8
协优 9308	叶	17.1	9.1	10.4
	茎鞘	14.0	18.4	79.0
	穗	68.9	72.5	10.5

(四)精确施肥

对超级稻氮、磷、钾吸收和分配特性研究表明，精确施肥是超级稻栽培的关键技术之一。根据不同稻作区当地的条件确立氮肥精确用量，建立超级稻不同稻作区精确施肥技术体系，是超级稻获得高产的重要保障。

超级稻施氮肥总量由各稻区视当地的土壤肥力水平决定。超级稻生育前期的肥料一般占总施肥量的 50%～80%，其比例的大小主要是根据水稻品种的类型、气候和土壤条件确定。生育前期的肥料主要是促进水稻分蘖的发生和根、茎、叶的生长，并为后期的生长发育打基础。超级稻生育中期(拔节长穗期)一方面以茎秆生长为中心，完成最后 3～4 张叶和根系等营养器官的生长；另一方面进行以幼穗分化为中心的生殖生长。这一时期既是保蘖、增穗的重要时期，又是增花、保花、增粒的关键时期，同时也是为灌浆结实奠定基础的时期。由于各器官生长加快，氮、碳代谢均很旺盛，在短短 30 天内植株干物质的积累占其一生干物质积累的 50%左右。因此，这段时期是超级稻需水、需肥的关键时期。对超级稻各稻区穗肥的用量和施用时期总结如下：

1. 长江上游超级稻区　实施“基肥＋保花肥”和“基肥＋齐穗肥”。研究结果表明，这样能使每穗的实粒数提高，千粒重增加。即除施用基肥和分蘖肥外，在抽穗前20天左右每667平方米施10千克复合肥，并在抽穗后用磷酸二氢钾对水稻喷雾，进行根外追肥。

2. 长江下游稻作区　主要包括湖南、江西、浙江部分地区等双季稻区，浙江部分地区、安徽的单季籼稻区及江苏的单季粳稻区。

籼型连作晚稻穗肥一般施用尿素，按每667平方米4～6千克施用，氯化钾4～6千克。抽穗期至齐穗期，每667平方米用尿素1千克，加入25％磷酸二氢钾0.2千克对水50升，进行叶面喷施；也可以用25％磷酸二氢钾0.5千克对水50升，作穗肥进行叶面均匀喷施。粒肥要强调看苗施用，即叶色淡绿的晚稻可以施用粒肥。

粳型连作晚稻需肥量大，穗肥比例约占总施肥量的20％。一般穗肥在幼穗分化始期或在倒2叶期施用，用量根据水稻长相确定，一般每667平方米施尿素4～5千克。始穗后可用磷酸二氢钾加尿素进行根外追肥1～2次，以延长功能叶的寿命，增加粒重，发挥千粒重高的优势。特别是台风过后应及时喷施，可促进恢复生长，增强抗逆能力。

单季籼稻超级稻穗肥占生育期总氮肥用量的20％左右，可以每667平方米施5～7千克尿素或相应氮含量的复合肥。穗肥主要分为促花肥和保花肥。促花肥具有巩固有效分蘖、促进枝梗和颖花分化、防止颖花退化和增加穗粒数的作用。其施用的时期是穗形成始期，一般可在第一节间定长、倒3叶露尖时，每667平方米施尿素5千克。保花肥能提高水稻叶片叶绿素含量，增强光合作用，促进颖花发育，增大谷壳体积。因此，保花肥有增粒、增重和提高结实率的作用，一般在倒1叶出生过程中施用。穗肥的施用应结合气候和水稻长相，如水稻长相较健壮，叶片挺直，长短适宜，阳光充足，可适当多施。如水稻生长较旺，叶片过长，阴雨天气，则少施。如叶片较窄，生长不足，应提早施用。

单季粳稻超级稻穗肥的施用，在中期群体叶色明显褪淡显“黄”的基础上进行。一般高峰苗控制在适宜穗数的1.3～1.4倍，叶色于无效分蘖期落黄，群体内光照条件良好，促花肥与保花肥分别于倒4叶和倒2叶期施用。施用量一般占水稻生育期总施氮量的45%，适当偏重些施促花肥。当稻田群体茎蘖数不足，群体叶色落黄早时，在倒4叶初开始到孕穗期分2～3次施肥，穗肥用量占总施氮量的50%或更多。当群体生长旺，茎蘖数过多，植株松散，叶片长披，叶色深绿而迟迟不褪淡落黄时，在倒2叶或倒1叶期施用保花肥为好，如剑叶(倒1叶)抽出期仍未明显褪淡落黄，则穗肥不必施用。

3. 东北稻区超级稻实行配方施肥 穗肥：看苗施穗肥，前期肥料不足，群体生长势偏弱，够苗晚、落黄早的田块，穗肥应以促花肥为主，7月15日前后施用。前期群体生长势好，够苗早、落黄正常，轻施穗肥，推迟到7月18日施用。每公顷施氮肥25～35千克，钾肥(K_2O)40～50千克。

粒肥：7月25至8月1日施用，每公顷施氮肥12.5～17.5千克。粒肥要根据水稻长相，气候条件掌握施用量，如果生长势过旺，可以不施。

4. 华南双季稻区超级晚稻施肥 晚稻移植后15天左右，稻田达到基本够苗(杂交稻每667平方米苗数18万～20万，常规稻20万～22万)时，应补施长粗肥，施氮量占中期施氮量的30%～40%，每667平方米施尿素2.5～3千克（视前期生长及天气状况适当增减），加氯化钾7.5千克；用复合肥作长粗肥的可每667平方米施复合肥7.5千克。之后采取多露轻晒，促进根系深扎，提高抗性，防止倒伏，控制无效分蘖产生的措施，控制每667平方米苗数最多时在35万左右，成穗率60%以上，这样既能确保有足够的有效穗数，为高产奠定穗数基础，又能使稻株在幼穗分化前叶色适度转赤，为施幼穗分化肥做好准备。

幼穗分化期是施氮、钾结合的分化肥，从而促大穗、多粒的关键时期。这个时期可通过田间剥叶观察幼穗长度来鉴定；也可以用移植后天数（晚稻一般在移植后30～35天）推算鉴定。在抓好露晒田，当叶色褪红时，应及时补施适量的氮、钾肥，施氮量占中期施氮量的60%～70%，每667平方米施尿素4～5千克，加氯化钾7.5千克；用复合肥作分化肥的，可每667平方米施15千克。若叶色褪红不明显或天气不好时，应推迟施或分次减量施用。

若水稻生育后期光照条件较好，群体适中、叶色偏淡的稻田，可在齐穗期施壮尾肥，每667平方米施尿素2千克或复合肥6千克，并从齐穗期开始每隔1周根外追肥1次，每次每667平方米用磷酸二氢钾150克对水75升喷施。

三、水分管理

（一）灌溉的主要方式

我国传统的水稻灌溉方式以淹水灌溉为主，该模式在水稻移栽到成熟的各个时期采用水层灌溉。水层的深度根据不同地区、水稻品种和生育时期而不同，一般在 5 厘米以上。这种灌溉方法水稻根系发育差、易倒伏、早衰、结实率不高、病虫多、产量不高不稳，且水分利用率低。近 30 年来，随着工业生产的发展和生活用水增加，水资源紧张的状况日益显现，我国在研究水稻生长和发育对水分的敏感性与提高水分利用效率的基础上，提出了适宜不同生态环境应用的水稻节水高产的灌溉技术，主要包括浅湿干灌溉、间歇灌溉、半旱式灌溉和好气灌溉等节水灌溉方法。这些灌溉方法的特点是节水与高产相结合。这里主要介绍在超级稻生产中比较常用的几种节水高产灌溉技术。

1. 浅湿干灌溉 浅湿干灌溉是当前我国应用比较广泛的节水灌溉模式，其主要生育时期田间水分指标如表 5-9。我国不同稻区由于水稻生态环境的差异和栽培技术的不同，有些灌溉模式与浅湿干灌溉比较类似，如广西大面积推广的“薄、浅、湿、晒”灌溉，北方推广的“浅湿”灌溉等。东北地区所采用的田间浅水层(30～50 毫米)浅湿灌溉。分蘖前期、拔节孕穗期和抽穗开花期浅湿交替，每次灌水 30～50 毫米，至田面无水层时再灌水；分蘖后期晒田；乳熟期浅、湿、干、晒交替，灌水后水层深为10～20 毫米，至土壤含水率降到田间持水率的 80%左右再灌水；黄熟期停水，自然落干。

表 5-9 浅湿干模式田间水分指标

生育阶段	返青	分蘖前期	分蘖后期	拔节-开花	乳熟	黄熟
灌前下限(毫米或%)	20	90%	60%	10	90%	50%
灌后上限(毫米)	40	20	20	40	10	0
雨后极限(毫米)	50	40	40	70	50	0

续表 5-9

生育阶段	返青	分蘖前期	分蘖后期	拔节-开花	乳熟	黄熟
田间水分状况	浅水	湿润	浅湿干	浅水	湿润	干

注:水层深度单位毫米,土壤含水量为田间土壤饱和含水量的百分率(%)

2. 间歇灌溉 间歇灌溉,是我国北方以及南方的湖北、安徽、浙江等省采用的灌溉模式。该模式的田间水分标准如表 5-10。返青期保持 20～40 毫米水层,分蘖后期晒田(晒田方法如浅、湿、晒模式),黄熟落干,其余时间采取浅水层、露田(无水层)相间的灌溉方式。依据不同的土壤、地下水位、气候条件和生育阶段,可分为重度间歇淹水和轻度间歇淹水。重度间歇淹水,一般每 7～9 天灌水 1 次,每次灌水 50～70 毫米,使田面形成 20～40 毫米水层,然后自然落干, 大致是有水层 4～5 天, 无水层 3～4 天,反复交替。灌前土壤含水率不低于田间持水率的 85%～90%。轻度间歇淹水,一般每 4～6 天灌水 1 次,每次灌水 30～50 毫米,使田面形成 15～20 毫米水层,有水层2～3 天,无水层 2～3 天,灌前土壤含水率不低于田间持水率的 90%～95%,这种轻度间歇淹水方式,接近于湿润灌溉。浙江省推广的"薄露灌溉"与"轻度间歇淹水"的模式类似。薄露灌溉是一种水稻灌溉薄水层,适时落干露田的灌溉技术。其"薄"就是灌溉水层要薄,一般为 20 毫米以下;"露"是指田面表土要经常露出来,土表水正常落干。重度间歇淹水和轻度间歇淹水的差异主要是灌溉的间歇时间长短不同,灌溉量不同和土壤水分下限不同。

间歇灌溉的特点是有一个明确的无水层过程,无水层的天数应根据生育时期和气候确定。这种灌溉方法与浅湿干灌溉方法的差异是,间歇灌溉有无水层过程,灌前土壤水分下限比较低。

表 5-10 间歇淹模式田间水分指标

生育阶段	返青	分蘖前期	分蘖后期	拔节-开花	乳熟	黄熟
灌前下限(毫米或%)	100%	85%	65%~70%	90%	85%	65%
灌后上限(毫米)	10~20	40	40	40	40	0
雨后极限(毫米)	30	50	60	100	50	0
间歇脱水天数(天)	0	3~5	4~7	1~3	3~5	全期

注:水层深度单位毫米,土壤含水量为田间土壤饱和含水量的百分率(%)

3. 半旱式灌溉 半旱式灌溉模式在返青后或在分蘖前期以后,水分管理采用无水层灌溉,田间水分指标如表 5-11。这种灌溉模式在山东等地称为控制灌溉,湖南等地称为控水灌溉,在广西等地称为水插旱管,有的地区称无水层灌溉。水稻控制灌溉技术的主要方法在水稻返青以后的各生育阶段,田面均不建立水层,以根层土壤含水量作为控制指标,确定灌水时间和灌水定额。

这一模式与浅湿干灌溉、间歇灌溉两类模式有较大差别,除在返青期建立水层,或是返青与分蘖前期建立水层外,其余时间则不建立水层(表 5-11)。

表 5-11 半旱式灌溉田间水分指标

生育阶段	返青	分蘖前期	分蘖后期	拔节-开花	乳熟	黄熟初期	黄熟中后期
灌前下限(毫米或%)	5	15	0	70%	75%	70%	60%
灌后上限(毫米)	15	30	30	0	0	0	0
雨后极限(毫米)	20	50	50	20	30	30	0
田间水分状况	浅水	浅水	晒	无水层	无水层	无水层	干

注:水层深度单位毫米,土壤含水量为田间土壤饱和含水量的百分率(%)

4. 好气灌溉 好气灌溉模式的田间水分指标如表5-12。好气灌溉是根据水稻根系生长发育的规律和现代水稻品种的生长和产量形成的特点，以及水稻不同生育时期对水分的敏感性提出的，并经多年多点多品种的试验和示范形成的节水与高产相结合的节水灌溉模式。根据水稻分蘖期和穗分化到开花期这两个水稻根系形成的主要时期，通过浅湿干间歇水分管理促进分蘖和根系的发生。中期通过浅湿管理，控制叶片长度，改善叶片形态。实施"三水三湿一干"水分管理模式，即"寸水插秧，寸水施肥除草治虫，寸水孕穗开花，湿润水分蘖，湿润水幼穗分化，湿润水灌浆结实，够苗排水干田控蘖"的水分管理方法。并结合湿润耕田浅水耙平，大田水分管理按水层灌溉与干湿间歇进行，干湿的天数根据生育时期和气候状况确定，一般3～7天。通过间歇水分管理，提高土壤氧化还原电位和水稻生育早期白天土壤表层温度，促进分蘖出生及根系发生和生长，提高根系活力，控制植株中上部叶片过长，构建理想株型。

表5-12 好气灌溉模式的田间水分指标

生育阶段	返青	分蘖前期	分蘖后期	穗分化-开花	乳熟	黄熟
灌前下限(毫米或%)	10	90%	60%	0	90%	80%
灌后上限(毫米)	30	20	0	30	30	30
雨后极限(毫米)	30	30	0	50	50	50
田间水分状况	浅水	浅湿干	晒	浅湿	浅湿	干湿

注：水层深度单位毫米，土壤含水量指田间土壤饱和含水量的百分率(%)

(二)水稻需水量

不同水分管理对水分利用率的影响结果表明，水稻好气灌溉(处理 A)在穗分化期水分利用率较高,处理 B(全程湿润管理)次之,处理 C(淹水管理)较低(图 5-7)。在好气灌溉下,中优 6 号水分利用率比淹水灌溉高 13.4%~29.6%,两优培九水分利用率比淹水灌溉高 6.8%~41.5%。在湿润灌溉下,中优 6 号水分利用率比淹水灌溉高 6.1%~7.7%,两优培九水分利用率比淹水灌溉高 2.5%~3.2%。说明水稻好气灌溉水分利用率较高,全程湿润管理和传统淹水管理因蒸腾速率大,光合速率较低,水分利用率也较低。

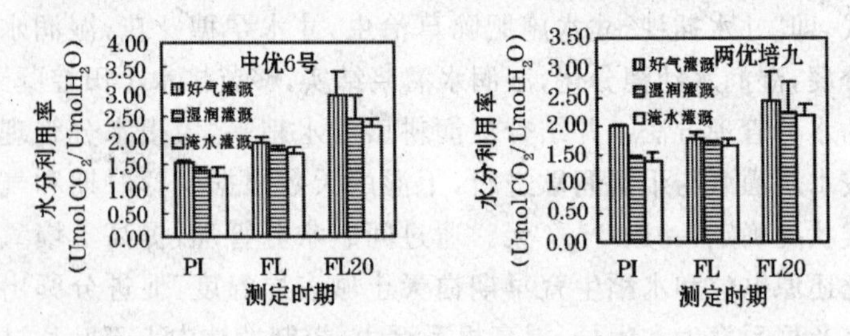

图 5-7　不同水分管理水分利用率的差异

对浙江省两个代表性稻区浙南(温州)和浙西(衢州)多年气象资料统计分析表明,在水稻生长季节 90%左右日降水量在 30 毫米以内。这样,好气灌溉土壤因湿润或在低水位下能够全部接纳雨水。因此,好气灌溉达到充分利用雨水,只需补充较少量灌溉,可实现较高的水分利用。与淹水灌溉比较,好气灌溉整个生育期灌溉次数减少 6.3 次,灌溉用水减少 41.9%(约为 125.4 立方米)(表 5-13)。

表 5-13　水稻不同时期的耗水量以及所占生育期灌水量的百分比(杭州)

处　理	时　期	灌水次数	灌水量(立方米/667 平方米)	%	耗水量(立方米/667 平方米)	%
淹水管理	移栽-返青	1	50.8	17	91.3	14
	返青-穗分化	5	111.5	37	198.1	31
	穗分化-抽穗	5	114.8	38	121.8	19
	抽穗-成熟	1	22.2	7	228.9	36
	合　计	12	299.4	100	640.1	100
好气管理	移栽-返青	1	50.8	29	91.3	18
	返青-穗分化	2.7	83.3	48	169.9	33
	穗分化-抽穗	2	40.0	23	46.9	9
	抽穗-成熟	0	0.0	0	206.6	40
	合　计	5.7	174.0	100	514.7	100

水稻好气灌溉水分利用达 1 千克/立方米，分别比淹水和间歇灌溉对照提高 22%和 14.9%；灌溉水生产效率 2.95 千克/立方米，分别比淹水和间歇灌溉对照提高 68.7%和 36.6%(表 5-14)。

表 5-14　不同灌溉方式下用水状况比较

处　理	灌水量(m^3/667 平方米)	泡田用水(m^3/667 平方米)	有效降雨量(m^3/667 平方米)	用水总量(m^3/667 米^2)	水分利用效率(千克/m^3)	灌溉水生产效率(千克/m^3)
淹水灌溉(CK)	299.4	120.0	340.7	760.0A	0.82	1.75
间歇灌溉	228.1	97.2	340.7	666.0B	0.87	2.16
好气灌溉	174.0	79.8	340.7	594.5C	1.00	2.95
全生育期湿润灌溉	157.3	74.5	340.7	572.5D	0.83	2.63

(三)好气灌溉对稻田生态环境的影响

1. 对土壤温度和通气性的影响 通过比较表明,好气灌溉比淹水灌溉的土表温度白天高 0.4℃,早晚分别比淹水灌溉低 0.2℃和 0.9℃。好气灌溉田块明显比淹水对照田块土温日变化大,分蘖期好气灌溉田块在表土下 5 厘米深处昼夜温差为 3.9℃,在 10 厘米深处昼夜温差为 2.4℃,分别比淹水灌溉田块高出 43.6%、16.7%,较大土温日变化促使分蘖早生快发。抽穗至乳熟期好气灌溉田块在表土下 5 厘米深处昼夜温差为 3.7℃,在 10 厘米深处为 2.4℃,分别比淹水灌溉田块高 24.3%、45.8%,昼夜温差大有利促进水稻干物质积累,有利于产量的形成。

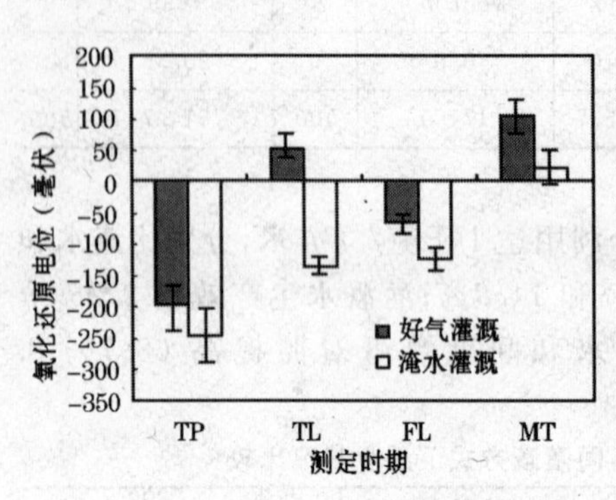

图 5-8 好气灌溉不同生育期土壤氧化还原电位的变化

经测定,水稻好气灌溉田间土壤氧化还原电位值比传统对照要高 50 毫伏~187 毫伏。水稻好气灌溉田间土壤氧化还原电位值在分蘖期和成熟期表现为正值(图 5-8)。而淹水灌溉(对照)开花前土壤氧化还原电位一直为负值。土壤氧化还原电位反映土壤的通气状况,土壤氧化还原电位低土壤通气性差;反之则土壤通气性好。水稻好气灌溉土壤通气性好,特别在分蘖期间是水稻根系形成的主要时期,土壤通气性好可促进根系的形成。水稻好气灌溉这种增氧生态特性,在促进根系生长、提高根系伤流减少具有重要意义。相反，淹水灌溉土壤通气性差，根系发育不良。

好气灌溉处理在稻田从湿到干的过程中，氧化还原电位(Eh)一直上升，干到4～5天时，氧化还原电位基本持平，5天以后复水，由干变湿，氧化还原电位值下降。复水4～5天以后，氧化还原电位值回到干处理以前的值(图5-9)，如此往复，有利于提高土壤的通气性，促进根系生长，提高根系活力，防止根系早衰，提高水稻产量。

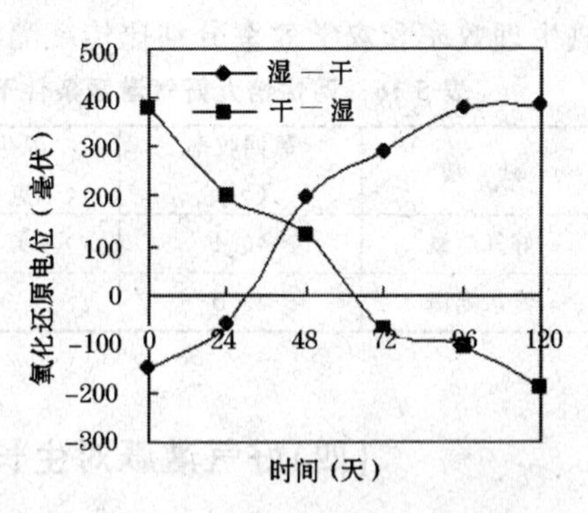

图5-9　干湿处理若干天后氧化还原电位变化

2. 对纹枯病发生的影响　水稻好气灌溉田间湿度低，温度下降较快，减少纹枯病的丛发病率、株(茎)发病率，降低发病指数(表5-15)。后期稻株根系健壮，茎基部叶鞘无病斑，转色好，对超级稻协优9308、两优培九、Ⅱ优7954和内2优6号等组合在相同肥力水平下相邻田块作对比调查，其结果表明应用好气灌溉抗倒能力强。

表5-15　好气灌溉与传统灌溉水稻纹枯病发生情况

灌溉方法	丛病率(%)	株(茎)病率(%)	病株指数(%)
好气灌溉	60.0	9.6	2.1
传统灌溉(CK)	100.0	50.7	14.9

3. 对氮吸收和利用的影响　在不同水分管理下，水稻的

生长与氮吸收、利用存在差异(表 5-16)。水稻好气灌溉氮回收率与氮生理效率、氮农学效率均比对照高。水稻好气灌溉氮生理效率和农学效率分别比传统灌溉高 54.5%和 65.1%。

表 5-16　两优培九好气灌溉条件下氮吸收利用特性

处　理	氮回收率(%)	氮生理效率(千克/千克)	氮农学效率(千克/千克)
好气灌溉	46.4	15.3	7.1
淹水灌溉	43.0	9.9	4.3

(四)好气灌溉对生长的影响

1. 促进根系生长,提高根系活力　对水稻好气灌溉下超级稻协优 9308 不同生育期根系的垂直分布研究表明(图 5-10),分蘖期根系主要分布在 0~10 厘米表层土壤中,在土层 10 厘米以下的根系很少。在穗分化期、开花期和成熟期,0~10 厘米处的根系量较大,且差异较大,其中以开花期最大。土层 10 厘米以下根量随土层下降逐渐减少,且差异较小。土层40~45 厘米根量根

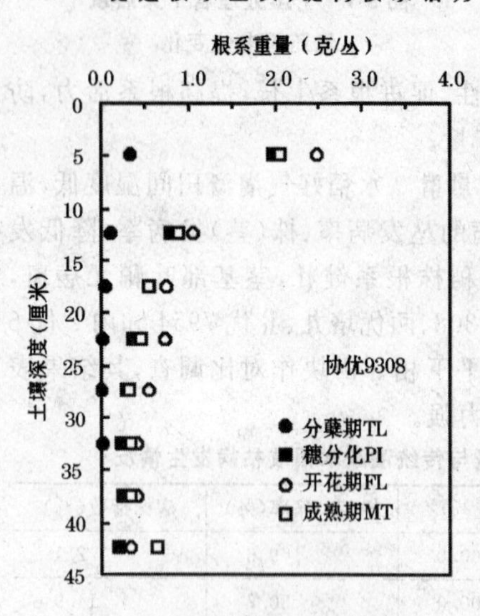

图 5-10　好气灌溉下不同时期水稻根系重量纵向分布

量大于土层35～40 厘米的根量，是由于筒的深度限制了根系继续向下生长，引起根系在这一层堆积造成。

对两个超级稻组合两优培九和Ⅱ优 7954 穗分化期的根系生长特性进行比较表明(表 5-17)，好气灌溉比传统淹水灌溉根条数增加 8.5%～12.4%，根系体积增加 17.8%～22.6%，干物重增加 9.5%～15%，根系体积增加更加突出。

对水稻两个重要时期根系伤流量考察结果表明，水稻好气灌溉提高根系伤流量(图 5-11)，中优 6 号好气灌溉处理在孕穗期和开花期根系单茎伤流量分别比对照提高 27.7% 和 32.3%。两优培九好气灌溉处理在孕穗期和开花期根系单茎伤流量分别比对照提高 17.2% 和 30%。这说明好气灌溉处理对抽穗开花期水稻根系的生长与活力有较大的好处，这有利于根系物质的吸收和同化。

表 5-17 好气灌溉对水稻穗分化期根系生长的影响(0～15 厘米)

组 合	处 理	根量(条数/丛)	体积(毫升/丛)	根干重(克/丛)
两优培九	好气灌溉	780.0	28.5	2.3
两优培九	传统灌溉	719.0	24.2	2.0
Ⅱ优 7954	好气灌溉	671.0	30.4	2.3
Ⅱ优 7954	传统灌溉	597.0	24.8	2.1

2. 促进早期分蘖生长，群体成穗率提高 对水稻分蘖特性考察结果表明，水稻好气灌溉平均每丛分蘖早生，但分蘖高峰较低，分蘖高峰后，分蘖减少比较平稳，每丛成穗数提高。从中国水稻研究所富阳基地两年的试验结果看，不同分蘖特性的超级稻组合好气灌溉条件下水稻分蘖成穗的变化趋势是一致的。中优 6 号在好气灌溉条件下分蘖成穗数提高 30%，

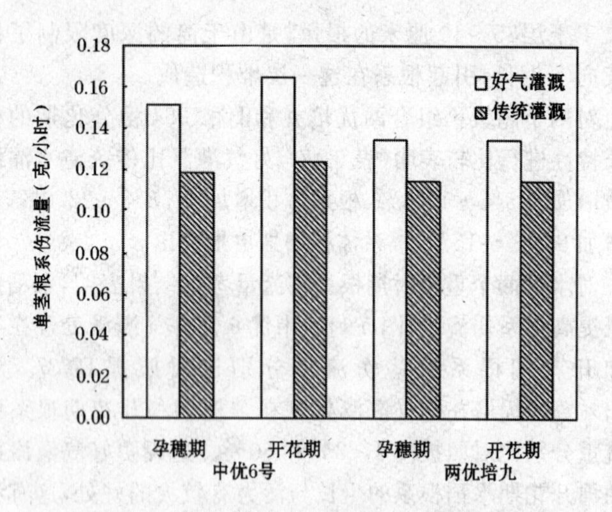

图 5-11 好气灌溉对水稻根系伤流量的影响

两优培九好气灌溉处理分蘖成穗数提高25%。由表5-18可见好气灌溉主要是提高前期分蘖的比例。这些早生分蘖有利于分蘖成穗，这是好气灌溉的优势。中优6号组合好气灌溉处理前期分蘖比例比对照增加63.9%，两优培九前期分蘖比例比对照增加42.5%。说明好气灌溉为分蘖成穗提供良好的生长和物质基础。

表 5-18 好气灌溉条件对分蘖组成及成穗的影响

品种	处理	总分蘖比例(%)		成穗率(%)
		分蘖前期	分蘖后期	
中优6号	好气灌溉	86.7	13.3	69.7
	传统灌溉	52.9	47.1	53.6
两优培九	好气灌溉	88.9	11.1	64.1
	传统灌溉	62.4	37.6	51.3

3. 改善株型，提高群体透光率 水稻好气灌溉还可以改善株型，从表5-19可以看出好气灌溉降低倒1叶叶片的角度，叶片挺直，长度缩短，宽度减少，提高群体透光率。在开花期测定叶面积与群体透光率的结果表明，参试的3个超级稻组合在开花期单丛叶面积均以水稻好气灌溉处理略低于对照，好气灌溉处理单丛叶面积比对照减少5.1%～6.8%，经过方差分析没有达到显著差异。对开花期水稻各群体分层测定透光率的结果表明，参试的3个超级稻组合好气灌溉处理各层次透光率均显著提高，说明好气灌溉群体通风透光条件得到了改善。

表5-19 不同灌溉方式对倒1叶性状的影响(Ⅱ优7954)

处 理	倒1叶角	倒1曲长(厘米)	倒1挺长(厘米)	宽度(厘米)	挺直度
好气灌溉	20.8°	42.9	42.9	2.2	100.0
传统灌溉(CK)	88.0°	36.7	47.6	2.3	77.4

4. 提高中后期物质生产量 不同水分管理对群体叶面积指数和干物质积累的影响表明，水稻好气灌溉(处理A)在穗分化期和开花期叶面积指数均大于处理B(全生育期湿润管理)和处理C(淹水管理)(图5-12)，在穗分化期中优6号品种处理A和处理B叶面积指数分别比处理C增加12.7%和0.5%，两优培九品种处理A和处理B叶面积指数分别比处理C增加11.6%和9.1%。在开花期测定中优6号品种处理A和处理B叶面积指数分别比处理C增加4.8%和降低7.2%，两优培九品种处理A和处理B叶面积指数分别比处理C增加11.7%和降低4.5%。这说明好气灌溉在穗分化期和开花期对增加产量有益。

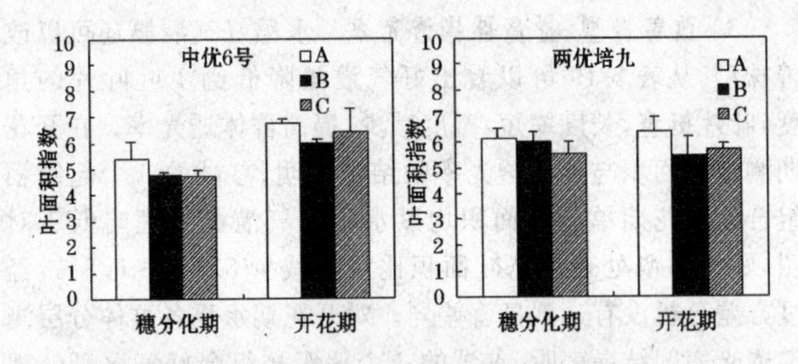

图 5-12　不同水分管理群体叶面积指数的差异

A. 好气灌溉　B. 湿润灌溉　C. 淹水灌溉

不同水分管理对地上部干物重影响表明(图 5-13),好气灌溉(处理 A)各时期测定的地上部干物重最高。中优 6 号品种处理 A 比处理 C 各时期地上部干物增加范围在 3.8%～16.8%之间,花后物质增加量比对照高 6.7%。两优培九处理 A 比处理 C 各时期地上部干物重增加范围在 6.2%～16.9%之间,花后物质增加量比对照高 22.9%。两品种全生育期湿润管理(处理 B)在穗分化期干物重分别比处理 C 高 3.4%和 2.6%,开花期分别比处理 C 低 10.2%和 6.7%,成熟期分别比处理 C 低 18.4%和 8.5%。这说明在这 3 种水分处理下好气灌溉各时期的群体都比较大,花后物质增加量较高,有利于形成高产群体;全生育期湿润管理在中后期的群体比淹水灌溉少,对水稻生长的抑制作用比较大。同时,还发现水稻好气灌溉后期物质在各器官中分布状况是叶片占干物重的比例较低。

好气灌溉与淹水灌溉对照比较,不仅在开花期及花后提高叶面积指数、叶面积干重,且叶片比叶重和光合速率均较高。这说明好气灌溉在生长后期不仅光合面积大,光合功能和抗早衰能力强。

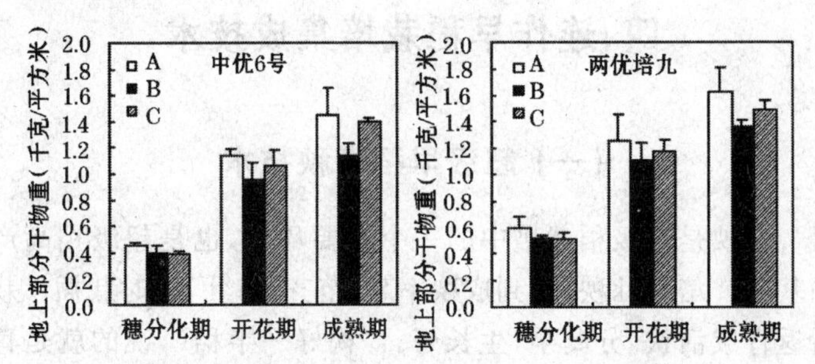

图 5-13 不同水分管理群体地上部干物重的差异

A. 好气灌溉 B. 湿润灌溉 C. 淹水灌溉

5. 产量 通过两年3个品种同田对比试验表明水稻好气灌溉具有显著的增产效应(表5-20)。对不同类型杂交稻组合的产量进行方差分析表明，水稻好气灌溉均显著提高水稻产量。两年试验的结果，均显示好气灌溉要比对照增产8.6%～10.8%。进一步分析产量构成因素，与传统对照比较，每穗粒数增加2.9%～8.6%。

表 5-20 好气灌溉条件下产量及其构成因素

年 份	品 种	处 理	每穗总粒数	结实率(%)	千粒重(克)	平均产量(吨/公顷)
2002	中优6号	好气灌溉	178.3	81.7	26.8	8.929ab
		传统灌溉	164.2	80.4	26.8	8.225c
	两优培九	好气灌溉	168.2	88.4	24.6	9.565a
		传统灌溉	163.4	89.5	24.6	8.634b
2003	两优培九	好气灌溉	193.0	87.9	27.0	8.808c
		传统灌溉	192.0	79.3	26.8	8.003d
	Ⅱ优7954	好气灌溉	202.8	79.4	27.3	11.300a
		传统灌溉	187.0	75.7	27.0	10.400b

四、连作早稻栽培集成技术

（一）超级早稻育秧技术

育秧是超级稻栽培中的一个重要环节，也是超级稻高产的基础。培育壮秧，达到成秧率高、苗齐、苗壮，适时栽插。栽后返青成活快，分蘖早，生长好。“秧好一半稻”，说的就是育秧的重要性。超级稻早稻采用薄膜湿润育秧，即在湿润育秧的基础上，利用薄膜覆盖增温保湿，可适当提早播种，防止烂秧，提高成秧率。早稻培育壮秧的主要技术环节有以下几点：

1. 种子处理 播种前，种子一定要经过晒种、选种和种子消毒。种子消毒主要使用施保克，每千克种子用施保克1毫升对水浸种后直接催芽，催芽时应及时检查翻动谷堆以使催芽均匀。

2. 稀播培育壮秧 当芽催到根长一粒谷、芽长半粒谷时，适时摊晾炼苗和播种，每667平方米播种量，杂交稻5～10千克左右，常规稻15千克左右。

3. 盖膜 早稻育秧期间温度较低，播种后采用拱棚盖膜保温。

4. 秧田管理 从播种至1叶1心期，要求保温保湿出苗，促进芽谷迅速扎根立苗，薄膜严密封闭。从1叶1心至2叶1心期，要求适温保苗，一般膜内适宜温度为25℃～30℃，应看天气及时两头通风炼苗，日揭夜盖。揭膜前，要做到先灌水后揭膜，可在上午9时左右先灌水，待1～2天后再揭膜。这样揭膜前保持秧田浅水层，防止失水死苗。秧苗3叶期后通气组织已经形成，对缺氧环境的适应能力逐渐加强，但由于母体内营养已消耗，自给能力不足，对低温抵抗能力减弱，加之随苗体增大，叶面蒸腾增加，需水较多，应保持浅水层。早施“断奶肥”，在3叶期每667平方米用尿素5千克，栽前1周施“送嫁肥”，每667平方米用尿素5千克，喷锐劲特药剂防水稻害虫。有条件的地区可采用旱稻旱育秧，旱稻旱育秧秧苗移栽后返青快，分蘖早，穗型大。

(二) 扩行稀植

扩大行距可充分利用良好的通风透光条件，保证个体发育良好，群体数量与个体发育协调，实现超级稻整体高产。移栽密度应根据品种特性、秧苗素质、土壤肥力、施肥水平、移栽早迟、海拔高低和管理水平等因素确定。一般中下等肥力田，每667平方米移栽大田2万丛，行株距为20厘米×17厘米；上等肥力田每667平方米移栽大田1.8万丛，行株距为20厘米×18厘米。杂交稻每丛栽2本，常规稻每丛栽2～3本。

(三)科学施肥

超级稻通过改进施肥技术提高产量，就必须根据超级稻不同生育时期的需肥规律，把握住施肥时期、肥料种类和数量，实施精确施肥，以获得最佳的施肥效果，达到高产和降低成本。随着水稻产量日益增加，施肥的技术和水平也必须相应提高。目前由于水稻施肥比较单一，土壤中缺磷、缺钾或缺微量元素的田块逐渐增多。因此，超级稻生产必须进行测土配方施肥。对氮的吸收，一般出现分蘖期和幼穗分化期两个氮肥吸收高峰。对磷的吸收，幼穗发育期最高，占总吸收量的50％左右，分蘖期次之。结实到成熟期吸磷量，占总量的15％～20％。对钾的吸收，以抽穗前最多，达90％以上，抽穗后吸收量较少。

超级早稻每667平方米施纯氮11～12千克，氯化钾6～10千克，过磷酸钙20千克。过磷酸钙作基肥施用，氯化钾作基肥和分蘖肥各50%。在基肥中提倡施用农家肥，一般每667平方米施农家肥1 000～1 500千克，可在翻耕前施下。基肥中可施8～10千克尿素，在耖田时施入大田。早施分蘖肥，移栽后1周内，每667平方米可撒施尿素4千克和15千克复合肥。穗肥根据水稻长相，决定施用时期和施用量，一般在倒2叶前每667平方米追施尿素5千克左右。长相好的田块可少施，迟施。相反，长相差的要早施和多施。

(四)好气灌溉

早稻栽插后，根据不同的生长发育阶段进行科学、合理的灌水，是一项夺取水稻高产、稳产的技术措施。具体的灌溉方法采用好气灌溉，参照以下指标。

1. 寸水返青 因秧苗移栽时根部受伤，吸水力弱，而叶面蒸腾量不减少，容易失去水分平衡而致凋萎，所以，田间保持3.3厘米(1寸)左右的水层，造成一个比较保温、保湿的温湿环境，缓和失水和供水矛盾，以促进新根发生、迅速返青活苗。若这时温度过低或过高，可适当加深水层至6.6厘米，以不淹过最上部全出叶叶耳为宜。

2. 湿润分蘖 秧苗进入分蘖期后，湿润灌溉，一般稻田应保持3～5天浅水层3～5天无水层，够苗期搁田。分蘖期淹水过深会抑制分蘖和推迟分蘖时间，并造成高位分蘖。

够苗搁田控苗。当水稻分蘖达到一定数量即够苗期后，要适度排水搁田。搁田对于控制超级稻群体的过分发展，促进水稻由营养生长向生殖生长转移，培育大穗非常重要。搁田能促进根系下扎,防止倒伏,也可以增强抗病虫害的能力。搁田一般掌握黏重田、低洼田重搁田,沙质田、地势高的田轻搁田;肥田重搁田,瘦田轻搁田;苗过旺重搁田,苗弱轻搁田。一般搁田搁到田面开细缝,脚踏不下陷,叶色褪淡,叶片直立即可。

3. 寸水孕穗开花 超级稻在孕穗开花期需要充足的水分,这一阶段稻田应保持3.3厘米左右水层,确保超级稻穗大粒多。超级稻植株生长旺盛,光合作用强,叶面蒸腾量大,是水稻一生中生理需水最多的时期,需水量约占全生育期的40%,因此,不能干旱缺水,缺水会导致颖花败育和不实粒增加。但也不宜灌深水,深水影响稻根呼吸和根系发育,形成黑根、烂根,降低根系活力。同样,超级稻开花期间稻田无水受旱,则花粉和柱头容易受旱干枯,不能授粉,或抽穗不齐,甚至造成抽不出穗来。

4. 湿润灌浆 超级稻灌浆期应进行间歇灌溉,确保稻田湿润状态,以促进植株内有机物质向籽粒转运,减少空壳秕粒,增加千粒重。因为超级稻生长后期,通气组织衰退,由叶向根输氧气条件变差。若土壤水多缺氧,根系极易早衰。采取湿润灌溉,进行"干干湿湿、以湿为主"的水分管理,有利于增气保根、以根养叶、以叶壮籽,直到成熟。

(五)及时防治病虫害

超级早稻应重点防治螟虫和稻飞虱。

1. 螟虫防治 每667平方米用18%杀虫双200~300倍液,或50%杀螟松乳油1 000倍液,于幼虫孵化高峰期喷雾。

2. 稻飞虱 每667平方米选用10%的吡虫啉、一遍净粉剂3 000倍液,25%扑虱灵粉剂2 000倍液喷雾。超级早稻还应重视稻瘟病、纹枯病和白叶枯病病害的防治。

五、连作晚稻栽培集成技术

(一)适期播种,适龄早插,防止超秧龄

根据前茬作物的茬口,安排秧龄的长短和确定育秧方式。采用半旱育秧的秧龄不超过 30 天,两段秧总秧龄不超过 40 天。在适期播种前提下,把培育矮壮分蘖秧作为秧苗期的主攻目标。要求稀播匀播,每 667 平方米秧田播种量 7.5 千克左右,在 1 叶 1 心期喷 300 毫克/千克多效唑,以达到控长促蘖效果,及时做好秧田期的肥水管理工作。秧田肥料管理可用大小麦田作专用秧田,每 667 平方米施尿素 5 千克,过磷酸钙 15～20 千克,氯化钾 5～10 千克;早稻秧田作晚稻专用秧田的,基肥可用过磷酸钙 15～20 千克,氯化钾 7.5～10 千克,秧苗长到 2 叶 1 心期施尿素 2.5 千克,促进分蘖早发。移栽前 3 天,重施“起身肥”,每 667 平方米施尿素 10 千克。秧田水分管理在播种后秧板保持湿润,2 叶 1 心期上水后不断水,以防拔秧困难。每粒种子带 4 个大分蘖的秧苗,争取在 7 月 25 日前插秧完毕。

(二)扩行稀植,提高成穗率

根据超级稻品种分蘖力定密度,一般移栽密度可按行株距为 25 厘米×18 厘米,每 667 平方米约 1.48 万丛。秧苗素质好的每丛一般插 1 本,如果秧苗素质较差,可单双本混插,如单株带蘖数少的可插双本,确保每丛 4～5 个茎蘖。这样有利于个体发育健壮,群体发展协调,控制株高,提高成穗率,形

成大穗，减少纹枯病发生几率。在移栽密度上，既要考虑群体发育，又不能忽视个体的发育。

（三）精确施肥，增施有机肥

超级晚稻每667平方米施纯氮12～13千克，氯化钾8～12千克，过磷酸钙20千克。在稻草还田的基础上，过磷酸钙作基肥施用，氯化钾作基肥和分蘖肥各50%。基肥中可施8～10千克尿素，在耙田时施入大田。早施分蘖肥，移栽后1周内，每667平方米可撒施尿素5千克和15千克复合肥。穗肥根据水稻长相，决定施用时期和施用量，一般在倒2叶前每667平方米追施尿素5～6千克。长相好的田块可少施，迟施。相反，长相差的要早施和多施。始穗后，可用磷酸二氢钾加尿素进行根外追肥1～2次，以延长功能叶的寿命，增加粒重，发挥千粒重高的优势，特别是台风过后及时喷施，可促进恢复生长，增强水稻抗逆能力。

（四）水分管理采用好气灌溉

插秧期灌浅水，返青后湿润灌溉促分蘖早发，当连作晚稻茎蘖数达到有效穗80%时，开始排水搁田，控制最高苗数，营养生长过旺的适当重搁田。孕穗开花期需要充足的水分，这一阶段稻田应保持3.3厘米左右水层。灌浆成熟期采用湿润灌溉，灌好“跑马水”，不能断水太早，以利于谷粒充分灌浆提高千粒重。

（五）病虫草综合管理

播种前，种子用施保克或强氯精浸种消毒。秧苗长到2叶1心时，每667平方米用100克叶青双，加水30～50升喷雾1次，拔秧前2～3天再喷1次，防止白叶枯病的发生，做到秧苗无病，带药到本田。在施肥管理上，应注意控制氮肥施用量，增施磷钾肥，发现病斑或大风暴雨过后，要及时喷施叶青双，以控制病害的蔓延。另外，对稻瘟病和褐稻虱等病虫害，要根据病虫情报，做好预防工作，确保稳产丰收。

六、单季超级稻栽培集成技术

我国已育成了一批超级稻品种和组合，并在生产上推广应用。推广超级稻及其配套的栽培技术是提高我国粮食综合生产能力的重要举措。由于其生长特性与常规水稻品种不同，需要有相配套的栽培技术才能发挥其产量潜力。近年来，根据超级稻品种和组合的特性提出了以培育壮苗、扩行稀植、定量控苗、好气灌溉、精确施肥和综合防治为核心的单季超级稻栽培集成技术。

(一)育秧技术

1. 选种与处理

(1)种子精选　水稻种子浸种前，应将种子翻晒1～2天，以增强种子活性，提高种子发芽率和发芽整齐度。在晒种时需注意的是，杂交稻种子有的内外颖闭合不是太紧密，因此，不宜在强烈的阳光下暴晒时间过长，尤其是不宜在水泥地上晒种。可用比重为1.05的盐水选种；也可用清水选种，以去掉不饱满的种子，盐水选种后用清水洗净种子。种子经过精选可提高秧苗群体生长的一致性。

(2)种子处理　为防治水稻恶苗病等病害，须用药剂处理种子，如用强氯精、浸种灵及401等药剂浸种。药剂浸种根据药剂类型一般浸种 1 天。浸种时间根据品种类型和温度确定，常规粳稻一般浸种 48～72 小时，常规籼稻浸种 48 小时左右，杂交籼稻的浸种时间一般在 24 小时左右。

(3)催芽　控制一定的温度、水分，是使种子在适宜的条件下提早发芽的一种措施。适宜水稻种子发芽的温度在 28℃～32℃之间。采用保温的方法进行催芽，在破胸前可在 32℃下，破胸后保持在 28℃左右催芽。催芽的过程中须保证适宜水分，特别是破胸以后，须常浇水，防止根系生长过长，达到谷芽整齐一致。当根长达到谷粒长，芽长达到半谷粒长时，即可播种。

2. 适时播种　以最佳抽穗期为目标，根据不同品种特性、育秧及移栽方法和当地种植习惯，确定适宜的播种期。并根据稻作环境和育秧条件，当地习惯选择适宜的育秧方式，如旱育秧、湿润育秧等。

超级稻要达到高产，壮秧是基础，其次要发挥大穗型组合和品种的穗粒数潜力，争取低位分蘖生长和成穗。具体方法有：①提高种子的质量和播种的质量，确保成苗率和群体秧苗的整齐度；②控制播种量和用种量，秧田播种量不宜太高，还需根据育秧方式确定。在精量播种的基础上，配合浅水灌溉，早施分蘖肥，化学调控，病虫草防治等措施，最终实现苗匀、苗壮。

3. 采用旱育秧　旱育秧的操作规程详见本书育秧技术内容。

4. 湿润育秧　播种前约 1 周，秧田经翻耕、耙平、起沟作秧板。秧板一般宽 1.4～1.6 米，沟宽 30 厘米。秧田每 667 平方米用 20 千克复合肥($N : P_2O_5 : K_2O$ 为 15 : 15 : 15，下同)作基肥，撒施于毛秧板。使肥料与表土混合，然后耥平。样板做好后，灌水上秧板；然后喷丁草胺除草剂封杀稻田杂草，秧板上水 5～6 厘米，保持 4～5 天后排水待播种。

播种量不宜过高，一般播量 7～10 千克/667 平方米，本田用种量 0.6～0.8 千克/667 平方米，秧本比为 10～12。选择适宜播种期，在播种前 1 天，将秧板水排去，只留沟底水，第二天即可播种。将已催芽的芽谷均匀地播到秧板上。播种后用塌谷板或泥锹等工具塌谷，以塌谷后不见芽谷为度。并喷施幼禾葆除草剂，以封杀秧田杂草。在秧苗生长到 1 叶 1 心时，每 667 平方米用 150 克 15%多效唑，加水 75 升用细喷头喷施秧苗，促进秧苗分蘖和矮化。在 3 叶期进行疏密补稀，实施匀苗。

秧苗应早施分蘖肥，2 叶 1 心期每 667 平方米施 5 千克尿素促分蘖。在 4 叶 1 心期，根据苗情每 667 平方米施 5 千克尿素促平衡。移栽前 3～4 天每 667 平方米施 8～10 千克尿素作起身肥，促进根系生长和栽后返青。2 叶 1 心期前保持半沟或沟底水，2 叶 1 心期灌浅水层，并保持秧板水层至移栽。此期间不要让秧板脱水，不然造成秧苗根系下扎，拔秧困难，伤秧严重。

近年来，长江中下游地区矮缩病、纹枯病和叶枯病等病害严重，其主要原因是稻蓟马、飞虱等害虫刺吸传染引起。因此，稻田要严格控制稻蓟马等害虫为害。可根据虫口状况于出苗后的 2 叶 1 心期用吡虫啉等药剂防治稻蓟马等害虫。随后根据虫口状况防治，可在塌谷后喷除草剂同时加吡虫啉农药，移栽前 1 天用锐劲特喷施秧苗，使秧苗带药下田，防治大田早期螟虫。

（二）移　栽

1. 整地　传统的水稻生产中，整地以水耕水耙为主。整地用水量大，使稻田土壤通气性差。超级稻栽培可采用湿耕或干耕，南方稻区在大田翻耕前，正值春末季节，雨水较多，大多稻田呈湿润状况。不必先灌溉后翻耕，可以直接翻耕。草籽田可根据草籽生育季节，选择适时（如草籽开花时）翻耕。冬闲田，可在移栽前1～2周翻耕。如有可能提倡在头年秋收后或冬季翻耕，及时灭茬，可以降低螟虫越冬基数，减少来年螟虫数量。稻田提倡稻草还田，因为水稻吸收的钾和硅大多数留在稻草中，如果能把稻草还田，相当于增施了钾肥和硅肥。这两种肥料也是水稻所需的大量元素。目前，这两种肥料在水稻生产中的施用量不足。有机肥和部分基肥应在翻耕前施下，使土肥混合；而速效基肥可作为面肥施用。到移栽前1～2天，灌浅水耙平。不要过早把田耙平，等待移栽。如果这样，稻田杂草增多，给稻田除草带来更大的压力和困难。稻田也不能耙得过烂，如果耙得过烂，尤其是耙平后当天插秧，易造成插秧过深，且通气不良，致使移栽后起身推迟。

2. 适期移栽，宽行稀植 单季稻生育期前后时间比较充裕，可以提早移栽，缩短返青期，促进早发。一般秧龄在25～30天，就可移栽。由于超级稻植株较高，营养体较大，应采用宽行稀植，改善群体基部光照条件，降低群体湿度，减少发病几率，提高茎秆抗倒性。传统的单季杂交稻种植密度每667平方米1.6万～1.8万丛。而超级稻作单季栽培每667平方米以1.2万～1.5万丛为宜。

种植规格的株行距为18厘米×30厘米或17厘米×26厘米。单株带蘖2～3个以上的每丛插1株，不足的插2株，确保落田苗总茎数在4万～5万。插秧时，留好排水口方向和丰产沟1～2条，以利于稻田及时排水。

(三)施肥原理与技术

1. 施肥原理 根据每667平方米产650～700千克水稻氮磷钾的吸收量表明,每100千克籽粒产量氮的吸收量大约为1.5千克,磷为0.5千克,钾为1.5千克。应根据土壤肥力和产量水平及水稻品种耐肥性和肥水利用率,确定施肥量及施肥方法。

秧苗叶片含氮量与分蘖的发生和生长密切相关,含氮量低会抑制水稻秧田分蘖。因此,秧田期施肥应在不造成秧蘖披叶的情况下,提高秧蘖叶片的含氮量。为避免秧田期追肥秧苗吸肥大起大落造成叶片生长过旺的现象,应适当增加基肥用量。水稻4叶期开始分蘖,在2叶1心期应施氮肥,确保4叶期叶片含氮量达到4%左右。由于前期施肥和秧田肥力的不均一性,往往造成秧苗生长的不平衡。因此,在4叶期左右,根据秧苗生长情况施平衡肥。在移栽前3～4天,应施"起身肥",以促进新根发生和栽后返青。

超级稻全生育期多在140～150天。其中本田期110～120天。由于当前大多数稻田土壤氮、磷、钾元素施用不够合理。氮用量过高,磷的投入和产出基本持平,而土壤钾元素呈亏缺状态。随产量水平提高,水稻对钾的吸收量在不断增加,应该适当提高钾肥的施用量。

2. 施肥技术 施肥是水稻生长和产量形成的重要调控手段之一。施肥不足往往造成水稻生长量小、穗形小、产量不高;施肥过量和不当也会造成群体过大,植株上部叶片过大、过长,引起倒伏,导致减产。同时施肥过量还会造成肥料流失,肥料利用率降低,引起环境污染。合理施肥是高产高效的重要措施,是农业可持续发展的重要手段。采用精确施肥技术，根据水稻目标产量及植株不同时期所需的营养元素的种类、数量及土壤的营养元素供应量，计算出所需施用的肥料类型和数量，进行施肥。施肥结合不同生长期植株的生长状况和气候状况进行生长调节；肥料的施用与灌溉结合，以改善根系生长量和活力，提高肥料的利用率和生产率。

单季超级稻总施氮量在 12～14 千克/667 平方米，过磷酸钙 30 千克，氯化钾 10～12 千克。过磷酸钙作基肥施用，氯化钾作基肥和分蘖肥各 50%施用。基肥氮肥占总氮肥施用量的 40%～50%，可在基肥中增加有机肥用量，以提高营养元素的平衡供应能力和改善土壤肥力。有机肥一般每 667 平方米施 50 千克饼肥或 1 000 千克左右堆肥或猪牛栏肥等。在施用有机肥的基础上，基肥应施化学氮肥，一般 7～10 千克尿素，或含等量氮素的其他化学氮肥。有机肥可在翻耕前施下，而化学氮肥在最后耙平前施下。

分蘖氮肥占总氮肥施用量的 30%左右。分蘖肥可与除草剂混合施用，每 667 平方米施 15 千克复合肥，3～4 千克尿素。分蘖肥要早施，以促进分蘖早生快发，宜在栽后 5～7 天施用。根据品种生育期的长短和土地保肥状况分蘖肥可 1 次施，也可两次施。

穗肥氮肥施用量占总氮肥量的 20%～30%，每 667 平方米施 5～7 千克尿素。其作用是促进颖花分化，防止颖花退化。以增加穗粒数，提高结实率，促进籽粒灌浆，提高粒重。穗肥可在第一节间定长，倒 3 叶露尖到倒 2 叶出生过程中施用，这次施肥应结合气候和水稻长相。水稻长相较健壮，叶片挺直，长短适宜，阳光充足，可适当多施；水稻生长较旺，叶片过长，阴雨天气，可少施或不施，也可推迟施用；水稻叶片较窄，生长不足应提早施用。

(四)水分管理

本田灌溉可采取好气灌溉，即浅水插秧，寸水活棵，薄水分蘖，适时晒田，孕穗及扬花期浅水勤灌，灌浆期间干干湿湿，防止断水过早。通过合理的干湿灌溉，改善土壤通气性，促进水稻根系发生和生长。水分管理上应促使水稻早分蘖和分蘖成穗。插秧期至返青期灌寸水(3 厘米水层)以利于护苗，促进早发根、早返青。返青后，用浅水层与湿润结合，以利于提高土温，促进发根和分蘖。力求在插后 20～30 天达到计划穗数的苗数。当达到穗数的苗数 80%时，可及时排水搁田，控制无效分蘖。搁田既不能过早，也不能过迟。过早会使大田达不到高产的有效穗数；过迟又会造成无效分蘖多、群体过大、田间荫蔽，诱发病虫害，甚至倒伏减产。排水搁田的时间，也应根据稻田排水搁田的难易程度，苗情及水稻长相和气候状况而定。如果水稻生长旺，土壤太烂，雨水多，排水搁田比较困难，排水到土壤发硬的时间长，应提早排水搁田。反之，则稍推迟。通过搁田达到控苗、改善土壤理化特性和水稻长相。孕穗期至开花期田可以浅水和湿润交替灌溉。花后切勿断水过早，以免影响籽粒充实度，造成秕粒数增加。灌浆成熟期要保持田间干干湿湿，以湿为主，以提高土壤供氧能力，保持植株根系活力，达到以根保叶的目的。

(五)病虫害及杂草防治

水稻病虫害防治至关重要，应坚持预防为主，因地制宜地，利用耕作、栽培、化学与生物防治等措施进行综合防治。在播种前应对种子消毒，以防种子带病。在秧田期重点防治稻蓟马、飞虱和叶蝉等害虫，以防止大田矮缩病、条纹叶枯病等病害发生。大田期重点防治螟虫、稻飞虱、纹枯病、稻瘟病、稻纵卷叶螟、条纹叶枯病和白叶枯病等。同时搞好杂草防除。

秧苗期播种塌谷后,用幼禾葆喷施秧板封杀杂草,并加吡虫啉防治稻蓟马等害虫。秧苗生长期间注意病虫发生和防治。移栽时带药下田。

实施病虫草的综合防治。超级稻植株较高,若用机械收割留茬高度往往超过 40 厘米,几乎所有的稻螟老熟幼虫都能安全地留在稻茬内,成为当年的越冬虫源。所以秋收后应及时灭茬深翻,可以降低螟虫越冬基数。对于人工收割的稻草,可用来堆肥,作厩圈垫料或作为种植马铃薯的覆盖材料,待其腐烂后再行还田,同样可以杀死大部分稻草中的害虫。纹枯病是制约高产的主要病害之一,采取宽行稀植,浅湿干灌溉和控氮肥增钾肥的措施,可减少纹枯病的发病几率。

采用兼治与挑治结合。对于同时发生的虫害,应考虑一药兼治。例如 8 月上旬防治三代稻纵卷叶螟时,可以兼治三代褐飞虱。对于田间零星发生的病虫害可实行挑治,大螟多数从田边开始为害,因此,可以沿田边 1 米左右宽度打药封边。

增加喷药水量,超级稻株高较高,生长量较大,可采用高压宽幅超细远射程机动喷雾机,冲力大,喷得匀。这样,不但能提高施药质量和防治效果,而且效率高,省工省时,又安全。如用背负式手压喷雾器,用水量增加到每 667 平方米 75 升左右。

生物农药与化学农药结合,生物农药一般对目标害虫有较强的选择性,生物农药与化学农药减半使用,不但增加了生物农药的防治效果,而且化学农药用量减半,有利于保护天敌,保护环境。对螟虫等害虫的防治,可采用 BT 与锐劲特配合施用如每667平方米使用千胜(BT)90毫升 +锐劲特20毫升,效果明显优于单独施用BT制剂(每667平方米180毫升),而与单独施用化学杀虫剂锐劲特(每667平方米30～50毫升)差异不显著。在降低或不增加防治成本及保证防效的情况下,显著减少了化学杀虫剂的使用量,在一定程度上缓解了化学防治与保护、利用天敌之间的矛盾。

防治稻纵卷叶螟时,可用阿维菌素、印楝素及阿楝复配剂可替代化学农药三唑磷或乙酰甲胺磷。对于水稻中后期三化螟发生中等或偏轻时,阿维菌素、印楝素及复配剂阿楝均可替代化学农药三唑磷或乙酰甲胺磷,并可做到不施或少施化学农药。当水稻生育中后期三化螟发生偏重时,阿维菌素则可与半量三唑磷或半量乙酰甲胺磷进行复配来替代单独使用三唑磷或乙酰甲胺磷,防治次数也以两次为宜,从而达到少施化学农药的目的。

主要参考文献

1 杨仕华等主编．全国水稻主要品种推广情况统计表(1980～2004)

2 《中国农业统计年鉴》．全国粮食产量(1949～2005)．中国统计出版社

3 黄耀祥．水稻超高产育种研究．作物杂志，1990(4)：1～2

4 Peng S, Khush G S, Cassman K G. Evolution of the new plant ideotype for increased yield potential. In: Cassman K G. Breaking the yield barrier. IRRI. Los Banos, 1994

5 IkehashiH. Prospects for overcoming barriers in the utilization of indica/japonica crosses in rice breeding. Oryza, 1982, 19：69～77

6 Dingkuhn, Varietal differences in specific leaf area: a common physiological determinant of tillering ability and early growth vigor? IRRI, 1991

7 Donald. C. M. The breeding of crop ideotypes. Euphytica, 1968, 17: 385～403

8 中国农业部．中国超级稻育种——背景，现状和展望．新世纪农业曙光计划项目，1996

9 黄耀祥．水稻丛化育种．广东农业科学，1983(1)：1～5

10 杨守仁，张步龙，王进民等．水稻理想株型育种的理论和方法初论．中国农业科学，1984(3)：6～13

11 周开达,马玉清,刘太清等．杂交水稻亚种间重穗型组合的选育——杂交水稻超高产育种的理论与实践．四川农业大学学报,1995,13(4):403～407

12 茆智．水稻节水灌溉及其对环境的影响．中国工程科学,2002,4(7):8～16

13 袁隆平．杂交水稻超高产育种．杂交水稻,1997,12(6):1～6

14 程式华，曹立勇，陈深广，朱德峰等．后期功能型超级杂交稻的概念及生物学意义．中国水稻科学,2005,19(3):280～284

15 闵绍楷,程式华,朱德峰．中国超级稻育种及生产示范概述．中国稻米,2002(2):5～7

16 丁锦华主编．农业昆虫学．南京:江苏科学技术出版社,1991, 159～215

17 中国植保资讯网,http://www.zhibao.net

18 吴福桢主编．中国农业百科全书——昆虫卷．中国农业出版社,1990,598

19 张维球主编,农业昆虫学(第二版)．中国农业出版社,1994, 145～293

20 浙江农业大学编著．农业植物病理学(上册)．上海科学技术出版社,1982,1～106

21 程家安主编．水稻害虫．北京:中国农业出版社,1996,213

22 敖和军,邹应斌,唐启源．超级杂交稻强化栽培技术研究．耕作与栽培,2003,2:12～13

23 杨守仁．水稻超高产育种新动向——理想株型与优势利用相结合．沈阳农业大学学报,1987,18(1):1～5

24　刘建丰,袁隆平,邓启云．超高产杂交稻的光合特性研究．中国农业科学,2005,38(2):258～264

合利用 7.00元

小麦地膜覆盖栽培技术问答 4.50元

小麦植保员培训教材 9.00元

小麦条锈病及其防治 10.00元

小麦病害防治 4.00元

小麦病虫害及防治原色图册 15.00元

麦类作物病虫害诊断与防治原色图谱 20.50元

玉米高粱谷子病虫害诊断与防治原色图谱 21.00元

黑粒高营养小麦种植与加工利用 12.00元

大麦高产栽培 3.00元

荞麦种植与加工 4.00元

谷子优质高产新技术 4.00元

高粱高产栽培技术 3.80元

甜高粱高产栽培与利用 5.00元

小杂粮良种引种指导 10.00元

小麦水稻高粱施肥技术 4.00元

黑豆种植与加工利用 8.50元

大豆农艺工培训教材 9.00元

怎样提高大豆种植效益 8.00元

大豆栽培与病虫害防治(修订版) 10.50元

大豆花生良种引种指导 10.00元

现代中国大豆 118.00元

大豆标准化生产技术 6.00元

大豆植保员培训教材 8.00元

大豆病虫害诊断与防治原色图谱 12.50元

大豆病虫草害防治技术 5.50元

大豆胞囊线虫及其防治 4.50元

大豆病虫害及防治原色图册 13.00元

绿豆小豆栽培技术 1.50元

豌豆优良品种与栽培技术 4.00元

蚕豆豌豆高产栽培 5.20元

甘薯栽培技术(修订版) 5.00元

甘薯生产关键技术100题 6.00元

彩色花生优质高产栽培技术 10.00元

花生高产种植新技术(修订版) 9.00元

花生高产栽培技术 3.50元

花生病虫草鼠害综合防治新技术 9.50元

优质油菜高产栽培与利用 3.00元

双低油菜新品种与栽培技术 9.00元

油菜芝麻良种引种指导 5.00元

油菜农艺工培训教材 9.00元

油菜植保员培训教材 10.00元

芝麻高产技术(修订版) 3.50元

黑芝麻种植与加工利用 11.00元

花生大豆油菜芝麻施肥

技术　4.50元
花生芝麻加工技术　4.80元
蓖麻高产栽培技术　2.20元
蓖麻栽培及病虫害防治　7.50元
蓖麻向日葵胡麻施肥技术　2.50元
油茶栽培及茶籽油制取　12.00元
棉花植保员培训教材　8.00元
棉花农艺工培训教材　10.00元
棉花高产优质栽培技术（第二次修订版）　10.00元
棉铃虫综合防治　4.90元
棉花虫害防治新技术　4.00元
棉花病虫害诊断与防治原色图谱　22.00元
图说棉花无土育苗无载体裸苗移栽关键技术　10.00元
抗虫棉栽培管理技术　4.00元
怎样种好Bt抗虫棉　4.50元
棉花病害防治新技术　4.00元
棉花病虫害防治实用技术　4.00元
棉花规范化高产栽培技术　11.00元
棉花良种繁育与成苗技术　3.00元
棉花良种引种指导（修订版）　13.00元
棉花育苗移栽技术　5.00元
彩色棉在挑战——中国首次彩色棉研讨会论文集　15.00元
特色棉花高产优质栽培技术　8.00元
棉花红麻施肥技术　4.00元
棉花病虫害及防治原色图册　13.00元
亚麻（胡麻）高产栽培技术　4.00元
葛的栽培与葛根的加工利用　11.00元
甘蔗栽培技术　4.00元
甜菜甘蔗施肥技术　3.00元
甜菜生产实用技术问答　8.50元
烤烟栽培技术　11.00元
药烟栽培技术　7.50元
烟草施肥技术　6.00元
烟草病虫害防治手册　11.00元
烟草病虫草害防治彩色图解　19.00元

以上图书由全国各地新华书店经销。凡向本社邮购图书或音像制品，可通过邮局汇款，在汇单“附言”栏填写所购书目，邮购图书均可享受9折优惠。购书30元（按打折后实款计算）以上的免收邮挂费，购书不足30元的按邮局资费标准收取3元挂号费，邮寄费由我社承担。邮购地址：北京市丰台区晓月中路29号，邮政编码：100072，联系人：金友，电话：(010)83210681、83210682、83219215、83219217（传真）。